[美] 乔恩·S. 贝利（Jon S. Bailey） 玛丽·R. 伯奇（Mary R. Burch）著
杜伊凡 译

优秀行为分析师必备

25项技能

第2版
2nd Edition

25 Essential Skills for the Successful Behavior Analyst
From Graduate School to Chief Executive Officer
2nd Edition

华夏出版社
HUAXIA PUBLISHING HOUSE

谨以此书纪念我40年的老同学和老同事马克西·赖斯（Maxin Reiss, BCBA-D, 1948—2018）。你是成功的行为分析师的典范，为我的研究生树立了榜样。正是在你的鼓励下，我才能将这一愿景转化成铅字。我想你会为你的原型得到改进而欣慰的。

——乔恩·S.贝利

认证行为分析师-博士级（BCBA-D）

目录 | Contents

第2版序言 ······ 001

第1版序言 ······ 001

致谢 ······ 001

第一部分　必备专业技能 ······ 001

第1章　职业礼仪规范（行为） ······ 003

第2章　人际沟通 ······ 010

第3章　应用行为分析中的伦理 ······ 014

第4章　应用行为分析及你的专业领域的总体能力 ······ 020

第5章　"以功能为考量" ······ 027

第二部分　基本的行为技能 ······ 033

第6章　深思熟虑且合乎伦理的督导 ······ 035

第7章　应用行为分析中的领导力 ······ 041

第8章　坚定果断 ······ 047

第9章　文化敏感性 ······ 055

第10章　服务对象的倡导者 ······ 060

第三部分　运用你的行为学知识 ······ 065

第11章　应对难相处的人 ······ 067

第12章　有效运用行为塑造 ······ 077

第13章　多样性、公平性和包容性 ······ 083

| 第14章 | 绩效管理 | 093 |
| 第15章 | 驻校行为分析师 | 100 |

珍妮弗·L. 奥斯汀博士（Dr. Jennifer L. Austin）

第四部分　重要的工作习惯　109

第16章	以行为学的方式管理时间	111
第17章	成为值得信任的专业人员	118
第18章	人际关系网	125
第19章	学会应对压力：以行为学的方式	131
第20章	公开演讲	140

第五部分　进阶技能　147

| 第21章 | 创造性地解决问题和纷争 | 149 |
| 第22章 | 保险和账单 | 156 |

米歇尔·西尔科克斯-比尔（Michele Silcox-Beal）

第23章	批判性思维	163
第24章	设计思维	172
第25章	强烈的好奇心	180

图表目录

图5.1	029
图6.1	037
图6.2	037
图6.3	038
图11.1	068
图11.2	069
图11.3	069
图14.1	097
图16.1	112
图16.2	115
图16.3	115
图19.1	136
图19.2	137
图20.1	142
图23.1	166
图23.2	167
图24.1	173
图25.1	182
图25.2	187

第 2 版序言

《优秀行为分析师必备 25 项技能（第 2 版）》旨在向读者介绍，在当今复杂且竞争激烈的行为分析领域中，一名行为分析师所应具备的一系列专业特质。通常这些专业特质被认为是软技能[①]，但实际上却恰恰相反。它们代表了在 21 世纪人们对行为分析师的期望，他们必须能够应对来自各方面的挑战，有个人方面的，也有组织方面的。当代行为分析师不仅要了解日新月异的技术细节，还要完全掌握"白皮书"中的内容[②]（The White Book, Cooper, Heron, & Heward, 2020）。他们要跟得上 50 多年来刊登在《应用行为分析杂志》（the Journal of Applied Behavior Analysis, JABA）上的研究报告中呈现的大量复杂的方法和技术（我们认为，订阅这本杂志很有必要）。另外，我们期望认证行为分析师（Board Certified Behavior Analyst, BCBA）能成为批判性的思考者，以批判性思维看待一些看护人使用的那些如雨后春笋般冒出来的稀奇古怪的治疗方法，同时还能具备良好的社交技能，用简洁礼貌的语言向这些家庭解释，为何纳入这些治疗方法会违反他们的执业伦理。公司的管理人员在招聘认证行为分析师时，期待招来的是一位全面型人才，他/她沉着、成熟、有条理、善于思考、体贴、有同情心，最重要的是能高效地对行为问题做出诊断（即判断出这个行为的功能是什么），然后根据诊断结果制订有效的行为改变计划并予以实施。公司的管理者们都迫切地希望自己的团队中能有一个具备领导能力的人，这样就能依靠他将新员工培养成行为技术员和治疗师，承担起督导任务。这种领导能力本身就是一项特殊技能，

---

① 编注：指工作中确实有效但难以被观察、量化及测量的技能。

② 编注：行业内常把《应用行为分析》（Applied Behavior Analysis）这本书称为白皮书，书中详细地讲述了与应用行为分析有关的理论与哲学议题、基础研究、应用研究和专业实践，呈现了大量经典的实验和论述，对概念、原理和相关议题的探讨极为深刻。第 3 版的中文简体版 2023 年由华夏出版社出版。

而事实证明，很少有人具备这项技能，因为它需要数月甚至数年的行为塑造、目标设定、处世之道以及保持公正等方面的培养，考虑到这个人还要兼顾其他的工作，要全面掌握这些领导技能几乎是不可能的。

本书的第 2 版更名为《优秀行为分析师必备 25 项技能》，在这本书中，我们努力呈现行为分析师必须具备的能力和特点。我们认为，大多数认证行为分析师目前接受的两年短期标准化培训，是无法使他们全部掌握这些技能的。有五六个学期都排满了将应用行为分析技术应用于各类人群和情境的课程，而服务对象对实际专业技能的期望却往往不在列。本书旨在将这些技能概述出来，它们将对一个人成长为一名优秀行为分析师产生新的影响。在每个单元的开头，我们都提出了一项挑战，概括了本单元所要介绍的技能。

如你所料，大多数研究生课程都不会教导学生有关如何迎接这些挑战的技巧。但我们需要补充的一点是，这本书并不能给出所有的答案，相反，我们希望通过明确提出这些技巧，介绍相关的内容和流程，使你在成为认证行为分析师后，有能力继续获得必要的培训和经验，在行为分析领域成为受人尊敬的人。对于教职员工而言，我们希望他们至少能为学生创造一些机会，在这些专业领域中探索，掌握职业礼仪、人际沟通、领导力、文化敏感性等方面的基本技能。

《优秀行为分析师必备 25 项技能（第 2 版）》有五个部分，以"必备专业技能"和"基本的行为技能"这两部分为开篇。我们相信，这两部分所包含的 10 项技能，可以帮助大多数毕业生准备好去迎接他们的第一份行为分析工作。第三部分"运用你的行为学知识"，重点探讨了与基本行为准则息息相关的 5 项技能，但要想学会应对不好相处的人，对多样性、公平性、包容性等知识保持敏感，在企业和学校环境中应用行为分析，还需要付出更多的努力。第四部分增加了认证行为分析师日常高效工作所需具备的 5 项基本技能，涉及时间管理、人际网络、压力应对，以及不可避免的公开演讲。在第五部分，我们提出了一些在研究生课程中很少涉及的技能领域。这些技能对于一位想在专业领域长期发展的行为分析师来说，是必不可少的，包括创新性地解决问题、批判性思维、设计性思维（新增章节），以及我们最喜欢的一个话题——强烈的好奇心。

第 2 版的独特之处是，在每个章节中增加了与个人职业生涯发展相关的三个阶段的内容。正如贝克·赖特博士（Dr. Baker Wright）在早前的谈话中为我们出书的规划提出的建议，我们现在意识到，这 25 项技能不仅是新晋认证行为分析师应该掌握的，还是其长期从事行为分析工作的基础。简言之，行为分析师随着年岁增长，经验也随之累积，我们希望他们能够承担越来越多的职责，成长为行为分析督导、主管，甚至最终成为公司老板或首席执行官。随着职位的提升，信誉和责任的累积，大家对他们的要求也会越来越高。在创作本书的早期，我们将书名拟订为《优秀行为分析师必备25项技能：从研究生到C字头管理层》，但担心"C字头管理层"这个词对于潜在的读者来说可能有些陌生。随着行为分析师从研究生毕业找到第一份工作，到成为一名年轻的专业人员（3～5年），然后进入职业生涯中期（6～10年），最后成为一名资深的行为分析师，我们坚信，他在整个职业生涯中都会受益于这25项技能。因此，每个章节都在介绍了技能并对其详细描述后，对职业生涯发展的下一阶段进行了阐述。①

希望你能和我们一样喜欢这个版本，因为我们在书中预见到行为分析领域的发展与成熟。希望你能发现，这本专业指导书的实用性可以贯穿你25～30年的整个职业生涯。我们对于行为分析领域的未来发展满怀期望，无论你选择哪一种职业道路，都祝你一路顺利，并期待着未来与你在专业会议上相会。

乔恩·S.贝利

玛丽·R.伯奇

于2022年8月

---

① 编注：关注微信公众号"华夏特教"，即可在线浏览或下载各章参考文献和阅读推荐目录。

第 1 版序言

> 每周总有两次，从发育障碍中心下班，一回到家我就倒在沙发上大哭一场。我不知道我这是怎么了。我猜中心的人只是不喜欢我，或者不信任我。我觉得自己像一个局外人。我有我爱的服务对象，也很享受解决问题的过程。我所属的咨询公司给我提供了丰厚的报酬，但是在发育障碍中心，他们并不尊重我，对我的话置若罔闻。我听说管理人员在背后议论我。他们倾向于使用药物进行治疗，而不是采用我的行为计划……我不能向我的督导承认自己遇到了麻烦。我不知道该怎么办，真的，我不知道。我有执业执照，也学习了贝利博士的执业伦理课程，但在现在这种情况下，这些都对我毫无帮助。

我们接到一位名叫金伯利的新手行为分析师打来的求助电话，她的求助听起来令人心碎。这位聪明热情、积极进取的研究生，正在为有行为需求的服务对象提供帮助，这是她的第一份工作——怀抱着热烈的期望。没人预料到，她居然会陷入如此令人沮丧的境地，但她的确走到了这一步。

我们开始注意到还有许多行为分析师都曾陷入相似的困境，这给了我们一个启示：在行为分析领域具有专业能力并不足以使一个人成为一名成功的行为分析师咨询顾问。随着应用行为分析领域的不断发展，有一件事很重要，就是指导行为分析师掌握所有必备的技能，进而有效地改变他人的生活。

20 世纪 60 年代中期，应用行为分析由实验行为分析（experimental analysis of behavior）发展而来。1968 年，《应用行为分析杂志》创刊，应用行为分析由此正式形成，堪萨斯大学的蒙特·沃尔夫（Mont Wolf）是期刊的创始人和总编辑。期刊上的一篇开创性文章——《应用行为分析的若干当代维度》（*Some Current Dimensions of Applied Behavior Analysis*）（Don Bear, Mont Wolf, & Todd Risley, 1968）绘制了本领域的发展蓝图。在这篇文章中，作者确定了应用行为分析与心理学等其他领域的核心区别特征。如该文所述，行为分析师关注的是，通过使用一种基于行为科学的技术（即操作式条件作用）解决应用性问题。这种技术从本质上来说也是基于数据的。它用自己的方法论（即单一被试实验设计）证明因果关系，随着时间的推移，它不断地发展，我们用这些发展起来的更高阶的技术帮助人们提高生活质量。在1968年写出这篇重要文章的思想先锋们没有预料到，今天的社会对行为分析有着多么大的需求。这种需求在过去的五年里迅速增长，目前许多国家的认证行为分析师正在提供服务。

因此，以应用行为分析为专业方向的硕士学位课程陆续设置，快速遍布美国乃至全球。以两年制或三年制的硕士课程培养出来的上百位行为分析师正加班加点，为发育迟缓、脑损伤或有其他残障的服务对象提供专业服务。有些行为分析师为服务对象提供一对一服务，还有些行为分析师与辅助人员合作，由辅助人员执行他们设计制订的行为计划。

企业、政府或其他组织机构中也会出现行为分析师的身影，他们可以改善人们在安全方面的表现，帮助提高生产率、产品质量或服务质量。在这些机构里，行为分析师扮演着咨询顾问的角色。为了提出专业的意见，他们必须非常了解这些机构是如何运作或为何停摆的。这些机构的环境并没有在最初就被设计成最适合人们工作的模样，因此，行为分析师也应当了解如何在其中开展员工培训、激励和管理员工。

遗憾的是，行为分析专家并不一定具备成为一名高效且成功的咨询顾问所需的全部技能。在我们这里，经常会有一些做咨询顾问的人来访，他们没有接受过任何行为学领域的培训，只凭熟稔商务礼仪、具有高超的社交技巧和非凡的口才，就把精通行为学技能的行为分析师挤压得难以施展拳脚。现在，公共服务机构的高层管理人员们和大型企业的首席执行官们对社交互动的质量有了更高的期待，而这些期待很难通过学习研究生课程实现。因为研究生课程只会教给学生操作式条件作用、研究方法、功能分析、数据收集等专业知识，外加提供一些与孤独症儿童一对一互动的实习机会。事实证明，在发展训练中心、行为障碍儿童教室里工作，或给需要学习如何应对任性孩子的家长提供咨询顾问服务时，行为分析师必须与各种各样的人打交道，这些人可能会表现出令人意外的与人争执或阻挠他人的行为，让毫无戒备的行为分析师措手不及。

本书的第一作者与一位应届毕业生的导师就此展开过讨论，这位导师的毕业生既勤奋又聪明，但在第一次执行咨询任务时却失败了。这位刚刚崭露头角的年轻行为分析师也陷入了和金伯利相似的困境（本序言中的案例）。根据督导所述，这位新晋的行为分析师在麻烦刚出现时，忽视了管理者之前向他发出的提醒，在他自己最终意识到有问题时，也没有去寻求帮助。他把自己的错误和计划执行失败的事实归咎于负责实施计划的辅助人员，因为他们没能执行自己的计划。经过进一步的调查发现，他对学校里略带敌意的环境毫无戒备——学校声称希望为学生开展行为咨询，但实际上却故步自封。

我们没有急于指责新手咨询顾问犯下的错误，而是试图弄清楚，在他接受的培训中，究竟是哪里出了问题。因此，我们对在校生、毕业生、咨询顾问的督导、咨询顾问的培训师及雇用行为分析师的公司的首席执行官进行了多次访问，还向资深的咨询顾问提出了一系列问题，问及他们在各种情境下处理棘手问题的经验，包括他们是如何解决这些问题的，他们又从中学到了什么。如果可能的话，我们还让顾问和主管回顾了当时的工作情境，简要地描述所遇到问题的性质。

根据这些访谈和对情境重现的书面记录，我们在六个多月的时间里拟订了技能和策略的关键词及其释义。有大约100个描述性术语可作为行为分析师成功所需的重要技能和策略——要在培训课程中阐释或教授这么多项技能显然是不切实际的。于是我们开始"上下而求索"，希望帮助咨询顾问为培训之后的艰难道路做好准备。在亚马逊网站上输入关键词搜索后发现，虽然有一些书籍的目标读者群并非我们这个领域的专业人员（行为分析咨询顾问），而是其他领域的专家，但其内容似乎着重于讲述我们所确定的关键技能，这显然对我们有一定的借鉴意义。这些书围绕一些常见的话题展开，即所有专业人员在工作中都必须具备的一般能力：商务礼仪、自信与魄力、领导力等。我们发现商业咨询类的书籍中强调，专业人员应该具备出色的沟通技巧与说服力，在谈判、游说和公开演讲方面拥有强大的能力。书籍中对于技能和策略的分类涵盖我们最初列出的那100个术语，这给我们提供了思路，帮助我们去寻找对行为分析师必备技能进行分类的方法。"解决这个问题需要哪些技能？"在重新分析这些问题后，我们最终确定了五类基本技能和策略。除此之外，咨询顾问还要学会运用行为分析知识，做好准备，以面对书籍中所说的"难相处的人"。而优秀的行为分析师必须懂得如何运用功能分析、塑造和绩效管理等更深层次的知识处理问题，并就这些日常问题直截了当地提问："我能看看吗？"

作为一名专业行为分析师，每天还必须面对自我行为管理这项艰巨的任务。如果不认真做好自我监控，即便是机智过人、干劲满满的行为咨询顾问，也会浪费时间，成为其他专业人员的负担，其自身也会承受一定的压力，却不知道该如何获得帮助。

我们在访谈和收集的情境回顾中发现了最后一个领域。人们往往希望行为咨询顾问可以在五到七年的时间里，逐渐成长为资深的咨询顾问。资深的咨询顾问承担的责任更多，在做决策时调动的智慧更多，对所服务的组织产生的影响可能也更大。经验教给咨询顾问，要提高批判性思维能力，提前预测他们在提供咨询服务时必然会出现的问题并迅速解决，不论是在幼儿园和工厂工作，还是在其他地方工作。资深的咨询顾问还承担培训与指导新晋行为分析师的责任，并可能是与公司的中高层管理人员一起承担这些重要的任务。

最后，随着时间的推移和经验的积累，资深的咨询顾问应该能够洞察世界运行的"全局"，对控制我们的社会和国家的重大突发事件有深刻的认识。当这种全局观扩展成更广阔的世界观，咨询顾问会突然开始意识到，他/她劝说校长采取新纪律政策时遭遇的失败与世界另一端的缅甸在紧急救援工作中的失败之间存在着行为联系。

掌握高阶技能的咨询顾问还会培养一项最为重要的技能——旺盛的求知欲。求知既是学习行为科学的技巧，也体现了对行为科学的态度，能让资深的咨询顾问体会到行为测量技术的魅力所在。这些技术足够强大，能够帮助他们记录患有普拉德-威利综合征（Prader-Willi Syndrome）[①]的服务对象经常擅离职守的行为问题，跟踪第三世界国家人民的手机使用情况，或监测南极企鹅的进食模式。

对于现如今的行为分析咨询顾问来说，仅仅具备行为分析的技术层面的能力并接受训练是远远不够的。想要取得成功，提高工作效率，行为分析咨询顾问还必须掌握关键领域的技能，包括基本业务技巧、基本咨询技能、运用应用行为知识的能力、良好的工作习惯以及高阶的咨询技能。

《优秀行为分析师必备25项技能》作为我们写的《行为分析师执业伦理与规范》[②]一书的配套教材，可用于教授"行为分析师的伦理规范与专业议题"这门课，也可以作为首次学习和尝试运用咨询技能的学生的实习课程手册。另外，在学校、机构或家庭中提供咨询服务的新晋行为分析督导也能从中获益，书中的分类法有助于他们阐明对咨询公司专业代表的期望。最后，经验丰富的咨询顾问可能会发现，

[①] 译注：一种罕见的先天性疾病，由染色体异常导致。此疾病会造成低肌张力、性腺功能减退、智力障碍、行为问题等。

[②] 编注：《行为分析师执业伦理与规范》（*Ethics for Behavior Analysts*）第4版中文简体版2024年由华夏出版社出版。

阅读专业咨询参考文献和检查清单对提高自身技能也很有帮助。

行为咨询在很大程度上是一门实践人类行为科学的艺术。新同事们在加入专业行为分析师这一队伍时的兴奋之情，以及今后道路的艰辛修远，希望都能通过本书传递给你。

乔恩·S. 贝利
玛丽·R. 伯奇
于 2010 年

致　谢

我们要感谢贝克·赖特（Baker Wright），他在马克西·赖斯（Maxin Reiss）逝世后接管了行为咨询管理公司（Behavior Management Consultants）的工作。早先我们与他讨论《优秀行为分析师必备25项技能》一书的修订计划时，他的第一句话就是"你们要知道，这不仅仅是一本给研究生看的书，我已经把它发给我的员工们看了，包括那些有多年经验的认证行为分析师。我认为你们有必要阐述一下这些基本专业技能在一个人的职业生涯的不同阶段是如何发挥作用的"。经过一番深思熟虑，我们一致决定将行为分析师的职业生涯划分为四个阶段（如第2版序言中所述）。在看过我们拟订的章节标题后，一些同事提出了宝贵的建议：米西·奥利芙（Missy Olive）、唐·贝利（Dawn Bailey）和金·勒克-格林（Kim Lucker-Greene）帮助我们确定了最终的章节脉络。我们的一些学生如今已成为优秀的专业行为分析师，他们阅读了各章节的稿件，并提出了改进建议。感谢科尔顿·塞勒斯（Kolton Sellers）和霍普·麦克纳利（Hope McNally），感谢他们花费宝贵的时间对应用行为分析的相关方面提供了专业意见。我们同样要对洛伦·艾米耶（Loren Eighmie）致以感谢，她慷慨地分享了自己复杂的时间表，帮助我们说明行为分析师必须处理的繁忙日程。最后，我们要感谢医学博士锡南·特纳乔格鲁（Sinan Turnacioglu），他向我们介绍了他的开创性虚拟现实设备Floreo，该设备可以彻底变革行为分析治疗的方法；我们还要感谢弗吉尼亚孤独症研究所临床服务部主任艾莉娜·英瓦松（Elinar Ingvarsson）博士和教学总监[①]、认证行为分析师凯瑟琳·卡雷尔（Kathleen Kariel），她们非常友好地同我们分享了使用该设备获得的第一批行为数据，这是一次开阔思维的体验。由衷地谢谢大家。

[①] 编注：此处原文为"clinical director"，直译为"临床主任"，考虑到中文语境中"临床主任"多指医院系统中的岗位，而国内的行为干预机构多数以教育或康复为背景，故改为"教学总监"，并代指与其职责相关的同等岗位。

第一部分

必备专业技能

一名认证行为分析师督导在一家大型应用行为分析公司指导刚毕业的认证行为分析师，在一次会议上，他对一位同事说道：

处在我这个职位的人都知道那些刚毕业的新员工需要注意什么。他们可以谈论行为问题，但仍然需要接受指导，尤其是在专业领域，还得接受公司关于程序方面的培训。大多数新员工都能说会道、热情洋溢，但在与家长或看护人沟通方面，还需要多加练习。

我们的新员工在执业伦理规范方面都接受了良好的培训，但在涉及他们自身的具体情况时，还需要接受指导，比如，不要承诺超出自己能力范围的事情，不要与其他人谈论服务对象。

他们通常能够理解与服务对象相关的"以功能为考量"，但仍需要提醒他们考虑利益相关方行为的功能，尤其是他们自己的行为。

但他们都是积极主动、渴望学习的人。我相信，如果接受了良好的督导，这些新手会逐渐掌握更广泛的技能。

第 1 章　职业礼仪规范（行为）

研究生毕业后的第一份工作

当你决定从事行为分析工作时，会意识到这份新工作会带来很多任务。完成评估、设计行为改变计划、与服务对象的家人会谈、督导注册行为技术员（RBT）、评估服务对象的进步，这些只是你所需具备的行为分析技能中的一小部分。

除了这些技术性技能以外，你只有额外掌握其他一些关键技能，才能在行为分析工作中取得成功。其中一项关键技能就是遵守职业礼仪规范，它会规范我们在专业或商务场合中的行为方式，礼貌和得体是它的基础。

职业场合中的主要礼仪行为包括：恰当的问候语和自我介绍，不说闲话，在商务用餐和活动中表现出良好的礼仪，聆听、不打断他人的发言，在会议和商务用餐时关闭手机，工作时着装得体，守时，话语让人舒适（不说行话），有良好的眼神交流，在大多数时候保持热情的微笑。

良好的礼仪还包括对他人表现出尊重和真切的关心，说话时带上"请"和"谢谢"。具备良好职业礼仪的行为分析师能让他人感到放松，留下不错的第一印象。遵循职业礼仪会让别人觉得你亲切、能干、专业。与行为分析师相关的礼仪技巧可能会随着其从事行为分析工作的年限不同而有所差异。

由于研究生课程的重点几乎全部放在行为分析的知识与技术层面上，有效地运用这些技术提供服务的专业技能却很少被提及。在应用行为分析这个领域，要树立好行为分析师的形象，还有很长的路要走。如果我们将应用行为分析与其他领域的优质专业服务相比较，往往会发现，它们在如何向潜在服务对象展示自己方面存在很大的差异。我们领域的服务代表——认证行为分析师，通常都是态度随意、衣着可能更随意的年轻人，常常对自己的教授直呼其名。这种随意的举止还体现在，在与服务对象和其他专业人员交流时轻率地使用行为专业术语。虽然并非有意为之，但这些行为难免会招人反感。

行为分析师与其他领域的专业服务人员的竞争相当激烈，虽然这种态势已经持续了相当长的一段时间，但有些行为分析师可能还没有察觉到。令人惊讶的是，竞争压力最大的地方似乎是孤独症治疗领域。这有点令人难以置信，因为从实证角度来看，竞争基本上不应存在。目前，除了应用行为分析，还没有任何一种治疗方法能在应用研究的广度和深度上均显示出可靠的、具有临床意义的行为改变。但遗憾的是，我们领域的许多应用行为分析师留给大众（即我们的潜在服务对象，也就是消费者）的印象是，这是一群行为学怪才，从他们嘴里说出的专业术语听起来充满了不祥和威胁他人的感觉。例如，控制、倒返设计、依联、操纵、干预，这些词在大众那里听起来并不友好。此外，当行为分析师描述如何治疗孤独症儿童时，他们的表达方式可能会引起别人的恐慌。孤独症谱系障碍（ASD）儿童是别人视若珍宝的儿子或女儿。布拉德利的父母怎么会愿意从专业人员口中听到"我们要消退布拉德利的行为"这样的话？爱子心切的父母希望我们去帮助布拉德利，而不是去"消退"他。

与其他领域那些准备充分、仪态端庄、经验丰富的服务人员流畅而舒缓的谈吐相比，你会发现两者形成了鲜明的对比。值得感到欣慰的是，新一代行为分析师比以往任何一届都训练有素、准备充分。他们充满热情且技术娴熟，明确聚焦结果，有干劲、有毅力，能够和孩子一起坚持下去。但正如我们在本书中一再强调的，对于专业的行为分析师来说，仅仅具备技术层面的能力是远远不够的。

第一印象

第一印象很重要，在行为分析师必备的 25 项技能中，第一项就是遵守礼仪规范：从事特定职业的人应有的彬彬有礼的习惯性行为。这包括每次上门服务都准时到达、做恰当的自我介绍、最后离开时向校长道别，以及这期间的其他所有行为。让我们来看看当代职业礼仪的具体内容[①]。

1. 根据场合选择着装

打扮得稍微隆重一些会比穿着过于随意要好得多。切勿穿有皱褶、破旧、肮脏、有污渍或褪色的衣服。避免戴头饰，避免穿短裤、牛仔裤、汗衫、运动服、T 恤衫、拖鞋和运动鞋。切勿穿过于紧身、低胸或其他太过暴露的衣服。根据公司的规定，不

---

① 原注：www.burbankusd.org/cms/lib/CA50000426/Centricity/Domain/254/Professional%20Etiquette%20updated.pdf accessed 11/11/21

能在面部穿孔（如鼻环、眉环等），要遮盖文身。与文身和面部穿环的相关规定可能会有地区性差异，通常城市地区在这方面比乡村地区更为宽松。但在大多数专业场合，文身和鼻环不应该让服务对象看到。

2. 自我介绍应稍显正式

这意味着要清晰地说出自己的姓名、职务及所代表的公司或机构。保持目光接触的同时面带真诚的微笑。在以前，握手保持3秒是自我介绍环节的标配，但新冠疫情的暴发让我们对病毒传播更敏感，因此握手不再是商务场合的硬性要求。在离开住所或会场时，要用结束语收场，如"感谢您与我会面"或"很高兴见到您"。

3. 谈话技巧

从良好的眼神交流开始，把注意力放在对方身上，并提出引导性的问题。开启你的聆听模式（轻声附和、微笑、点头等积极倾听的表现，是让对方继续说下去的必要条件强化物）。确保自己的姿态良好：坐姿端正、双手叠放在身前、保持眼神交流，不要坐立不安。适当时，提出与对方正谈论的主题相关的问题，不要谈论你自己。运用戴尔·卡耐基（Dale Carnegie）提出的社交技巧（Carnegie, 1981），让对方觉得自己很重要，给对方表达自己的机会。

4. 会议礼仪

为了表示对其他参会者的尊重，你应提前确认会议流程，并准时到场。"如果你在会议开始时到场，其实你就迟到了十分钟"，这句话永不过时。准备好一切材料，包括笔和书写板，关闭手机。上一条中的谈话技巧同样适用于商务会议。

研究生在读

在读研期间，你有很多机会应用本章介绍的职业礼仪的知识。在你努力积累督导时数的实习过程中，你会在诊所、上门干预、学校会议和培训课程中，与家长、其他看护人、教师、利益相关方频繁会面。每次会面时你都可以练习自己的职业礼仪，最好能得到督导的反馈。如果有机会去旁观，你可以观察负责会见的工作人员如何应对家长的提问，如何描述可能的行为分析治疗或干预措施。

求职面试

检验自己是否掌握所学的专业技能的第一个机会是求职面试。在面试中，你不仅要了解应聘的公司或机构，还要努力给对方留下良好的第一印象。在一两天之前确认这次面试，在当天提前几分钟到场。恰当的问候语是良好的开端。运用卡耐基提出的社交技巧，让对方知道你对这家公司很感兴趣，很关心公司对你的看法——这些都是面试的基本要素。即使你对这份工作不感兴趣，也一定要感谢对方抽出时间进行这场面试，并给对方留下一个良好的印象。

你的新工作

在新的工作岗位上，确保自己的着装符合公司领导及督导的要求。对于在企业中工作的绩效管理行为分析师，标准着装可能是商务西装、连衣裙、西裤、衬衫。公司的《员工手册》中通常会对着装要求有所说明。

对于那些在学校或治疗机构工作的行为分析师，要确保自己没有违反学校或机构的着装规定。例如，有些学校禁止教职员工穿露脚趾的鞋（凉鞋）。了解你提供服务的工作场所的着装规定。虽然我们通常都说"别穿牛仔裤或T恤衫"，但也会有例外情况——行为分析师有时可能需要在沙箱边或运动场上工作。如果你当天晚些时候要参加一个高层会议，就在车里另备一套正式的着装。不要穿着运动场上的那套衣服出现在会议上，还指望大家理解你为什么这么穿。

对于女性行为分析师，在其日常工作中，可接受的着装包括通常所说的商务休闲装，例如商务衬衫、针织上衣、毛衣（不是连帽衫）、西装外套、夹克、运动外套、商务休闲裤、半身裙和连衣裙。如果你穿印有所在咨询公司标志的polo衫，也是合适的。

不被接受的着装包括：有性暗示、有伤风化或过于暴露的衣着；透明装或透视装；运动衫和T恤衫；运动套装；细跟高跟鞋；沙滩裙；露脐装；抹胸上衣；背心；打底衫；法兰绒衬衫；迷你短裙；露背上衣/连衣裙；运动裤；牛仔裤；外穿紧身裤/紧身衣；工装裤和休闲裤；所有莱卡面料的衣服；尼龙慢跑服；用新奇的纽扣装饰的衣物；棒球帽；华丽的首饰；其他与商务形象不符的便装①。你可能会觉得在幼儿园提供服务时穿

---

① 原注：这份着装清单根据一些人力资源相关网站（面向零售业和专业场合的）上的内容编制而成。

牛仔裤和T恤衫也无伤大雅，"因为那里的工作人员就这样穿啊"。记住，你需要树立起自己的专业形象，赢得尊重和信誉，这种"学生气"的装扮对此毫无帮助。

对男性行为分析师而言，通常可选择牛津布衬衫、熨烫干净的polo衫、西装外套或运动外套搭配商务休闲裤。牛仔裤、T恤衫、网球鞋和露出内裤的宽松裤子都是不被接受的。此外，男性行为分析师应将头发和胡子修剪整齐。无论男女行为分析师，都强烈建议呈现相对保守的形象。

出席会议和做演讲时，行为分析师的着装要求有所升级。对于男性行为分析师，建议在与校长或临床医生等人一起开重要会议时穿夹克。而对于参加会议的女性行为分析师，应着传统的商务服装，而不是和儿童一起工作时穿的公司polo衫和休闲裤。

年轻的专业人员（从业3~5年）

熬过了新工作的头几年，意味着你已经掌握了基本的职业礼仪规范。现在，是时候将注意力转向更广泛的受众——你的同事和其他专业人员了。这本书的书名代表了书中的一切内容——*How to Win friends and Influence People*（Carnegie, 1981）[①]，这个问题对你来说是一项很好的挑战。挑战成功，就能为你和你的公司带来回报，让你同在这个领域执业的其他专业人员建立更好的关系。有些服务对象可能要由你转介出去，所以可以结交一些作业治疗师、物理治疗师、社会工作者、言语语言病理学家朋友。理想情况下，如果其他领域的朋友遇到有行为问题的服务对象，超出了他们的业务范围，也会将服务对象转介给你们公司。其他领域的某些专业人员可能因为他们在读研时所学的，在网上所看的，或者受以往经历的影响，而对行为分析师产生了偏见。你的工作就是让他们对你的专业改观，向他们证明自己是一个尊重他人、善解人意的专业人员，可以代表服务对象的利益，成为这个团队中的一员。

职业生涯中期（从业6~10年）

是安于现状还是继续晋升？

进入职业生涯的这个阶段，你已经积累了相当多的经验，并取得了一定的地位。公司里的人会来向你请教问题并寻求你的建议。这可能是一段职业舒适期，你已经闯

[①] 编注：本书的书名意为如何赢得朋友及影响他人，译为《人性的弱点》。

过了重重难关，掌握了专业技能，了解了你的服务对象，不再因为"初出茅庐"而总面临各种不确定因素，你准备开始享受当下的工作。

而一些行为分析师会另辟蹊径，将职业生涯中期作为一块跳板，以谋求更为长远的发展。当你开始在公司寻找成为领导的机会时，可能期待的是去指导初级专业人员。所有这一切都需要你具备娴熟的技能且八面玲珑，只有这样才能成为名副其实的团队领头人。除此之外，你还会期望自己不仅在所在的社区，还能在全国范围内获得一定的知名度。以你的经验和专业知识，你应该加入所在州的行为分析分会委员会，而且应该定期接受邀请，参加国际行为分析协会（the Association for Behavior Analysis International, ABAI）的委员会和研究小组。周游全国各地并发表特邀演讲，这能让你接触到我们领域的学科带头人，并有许多机会练习你的"见面礼"。

资深行为分析师

如果你在同一家公司待了至少十年，并渴望接受更具挑战性的工作，你会发现自己可能已经跻身 C 字头管理层[1]了。你要么在向高管们做简报，要么有了属于自己的新头衔。在公司占据一席之位的精英人士包括：首席执行官（Chief Executive Officer, CEO）、首席运营官（Chief Operating Officer, COO）、首席财务官（Chief Financial Officer, CFO）、首席信息官（Chief Information Officer, CIO）。这些头衔适用于较大的公司，它们可能是收购了应用行为分析小公司的私募股权公司，雇有数百名行为分析师。如果你要向这些大公司的高管进行宣传或演讲，以下建议会对你有用[2]：

（1）确保你不仅对自己的演讲主题了如指掌，而且对前来听你演讲的来宾也有所关注。了解关键人物的个人日程至关重要，情况会大有不同；

（2）首先进行自我介绍，并说明你为什么会出现在这里（如果是受邀，要提及邀请者的名字）；

（3）向来宾清楚地表明你是当前讨论的话题的专家，并显示出你对于 CEO 正在解决的问题或 CFO 正在处理的财务问题都有所了解；

（4）听比说更重要，确保你的发言简明扼要，展示出你的提案将为公司带来的价

---

[1] 译注：原文为 C-suite，首席执行官、首席运营官、首席财务官、首席信息官等高管职位的英文均以字母 C 开头。

[2] 原注：www.inc.com/geoffrey-james/c-suite-advice-7-rules-for-meetingswith-top-execs.html

值。准备好回答提问，并保证你的回答也尽可能简洁，不要浪费高管们的时间；

（5）在你结束演讲离开之前，尽可能保证你得到了一些关于你的提案的承诺；

（6）一定要感谢给予你这次演讲机会的人，当然也要感谢围坐在桌边听你演讲的其他"首席们"。

小结

本章介绍了一位行为分析师在职业生涯的四个阶段（从研究生毕业到成为资深行为分析师），想取得成功所必须养成的职业习惯。我们从职业礼仪的基本概念开始，包括如何在与服务对象交谈时显得不死板、不冷漠，这意味着要使用通俗易懂的语言，而不是我们的专业术语。接着我们讨论了在与看护人、利益相关方和其他人会面时，通过遵守一定的着装规范和得体的行为举止，给他们留下良好第一印象的重要性。新手行为分析师会发现，了解并遵循这些礼仪规范，不仅在寻求第一份工作的求职面试中有用，而且在未来职场中与新同事相处时也十分有用。年轻的专业人员在与其他领域的专业人员打交道时往往会遇到很多挑战，这时候应该采取友好合作的态度。进入职业生涯中期的行为分析师需要采用某些特定的礼仪技巧，才能成功主持会议，并保证会议的顺利进行。那些一直就职于同一家公司或跳槽至更大规模企业的人可能会晋升至C字头管理层，这些职位对于职业礼仪规范的要求更高，而这也是成功的关键。资深的行为分析师必须掌握战略性的思维方式，守住底线，此外还需要参加面对媒体的培训，为之后代表公司出席公开活动做准备。

第 2 章 人际沟通

重要的不是你说了什么，而是你是怎么说的

有效的人际沟通技巧对于每一位行为分析师来说都是不可或缺的。维基百科（Wikipedia, 2021）①将人际沟通定义为"两人或多人之间的信息交换"，信息交换可以通过言语，也可以通过非言语进行。言语沟通包括不同场合中的交谈，例如在会议上、在与服务对象及其他专业人员的电话中，以及在演讲时。非言语沟通包括肢体语言和书面交流，例如邮件和短信。行为分析师必须对自己的言语沟通和非言语沟通情况都有清楚的认识。在会议上翻白眼并不明智，而点头才是表示赞同的积极方式。电子邮件的语气可能会助发件人一臂之力，也可能会反过来害了他，所以在所有的书面交流中，给对方发送信息前都应该仔细地检查一下。

对于行为分析师来说，人际沟通跨越多个领域，与魄力、领导力、人际网络、合作、演讲这些方面联系紧密。当行为分析师开展的沟通有效时，会给公司带来诸多益处，包括保持员工和团队 / 部门的参与度，减少人员流动，更好地管理远程工作的行为分析师，改善部门之间或咨询顾问之间的沟通，以及提升服务对象的满意度。

研究生毕业后的第一份工作

虽然你可能上过斯金纳的"语言行为"（Skinner, 1957）课程，但这门课并没有触及人际沟通作为追求应用、循证的现代领域的基本原理。研究生们往往一心忙于学习掌握行为分析的理念、伦理、方法论和科学术语，忽视了在与服务对象和利益相关方打交道时，思考如何将这种世界观、行话运用到日常生活中——但这是可以理解的。你们的主要沟通对象是教授和督导，其次是服务对象及其家庭成员、老师、学校管理人员、其他专业同事。从你脱下学位帽和学位服走进职场的那一刻起，与这些人

---

① 原注：https://en.wikipedia.org/wiki/Interpersonal_communication 9.5.21

进行有效的沟通将成为你的生存之道。你每天最常用到的，不是几个月前辛苦背诵的专业术语，而是日常语言技能。这很重要，因此，凭借对应用行为分析的了解和实际运用能力得到服务对象的认可，将成为你的第一要务[①]。

此外，我们还建议你在与新的服务对象、老师、督导或同事进行第一次互动之前，针对沟通过程中的信息，做好信息规划（Dillard, 2015, pp.63-74）。这包括提前做功课，了解对方的关注点和互动类型偏好，明确这次互动的目的。为每次互动制订计划显然是不现实的，因此，回顾过去那些行之有效的方法，可以作为计划的一部分（称为"预制的计划"）（Verderber, Macgeorge, Verderber, & Pruim, 2016, p.7）。能够独立思考，并根据互动对象和场合举出能够说明问题的临床案例，或恰当地打比方，是每位行为分析师都必须掌握的技能，而且这项技能掌握得越早越好。

年轻的专业人员（从业3~5年）

在从事第一份工作一年左右后，你已经适应好了，并开始承担一些额外的责任，这时就需要掌握更高超的人际交往技巧。这包括接受新挑战，开展督导工作，应对自己的新督导，处理难相处的服务对象/利益相关方的案例，或者参与制定公司基础性的管理方法和政策事宜。为了处理这些更复杂的事务，你需要将自己已经掌握的"微观技能（micro-skills）"扩展为"宏观技能（macro-skills）"。这需要更长的信息序列，如"在对话中与他人建立联系""和他人一起解决困难并影响他们"。发展出宏观人际技能也包括发展出"行为灵活性"（Verderber etcal., 2016, pp.23-25）这项强大的技能，即根据不同的情况调整自己的应对方式。你不应该只是向家长或老师提出建议，而应该先积极聆听他们的话语，再真诚地使用条件强化物，如"这很有趣，你可以再和我多说一些吗？""那对此你有什么感觉？""我完全可以理解你经历的一切……"感觉对方已经准备好了后，再提出你的建议或者解决问题的方法。随着专业能力的不断提升，你应该能够应对更复杂的行为情况，包括如下所述的情况。

"被督导的人需要两样东西：指导和保证。"

[①] 原注：许多以口头表达技巧为生的专业人员发现，国际演讲会（Toastmasters International）是一个很有价值的组织，加入这个组织可以帮助他们提高公开演讲的水平和商务沟通的技巧。

督导

作为一名年轻的专业人员，根据公司的规模来判断，你的督导可能是教学总监，也可能是企业的 CEO 或老板。和督导打交道也是一种挑战。在读研期间，你可能已经习惯了督导对你的定期观察和反馈，但在你初次工作后，这种情况发生了巨大的变化。职场上对你的评估是以结果为导向的，即看你的下属做得如何，服务对象或同事是否投诉过你，当然还有你给公司带来的商业效益（完成的计费工时、带来的新服务对象、提出的新方案）。你应该习惯职场和商业世界的自然强化物，这些强化物可能有些稀缺。如果你想要获得反馈，或许你还需要掌握一项新的人际交往技能。表现出"需要帮助"在行为分析工作中是一种负累，所以要尽可能不露痕迹、巧妙地向你的督导寻求帮助，例如："我只是想让您了解一下我的两个下属的进展情况。"包括行为分析师在内的大多数员工没有意识到的一点是，担任督导是一份既艰难又孤独的工作，这份工作是在一片"强化沙漠"中开展的。如果你利用人际交往技巧向辛勤工作的督导表达感激之情，那么他们会更充分地理解你的工作。

职业生涯中期（从业 6～10 年）

步入职业生涯的这个阶段，你显然已经在多个专业领域积累了多年的宝贵经验。你熟练掌握了评估服务对象需求的技巧，以及与家属、你的行为分析师治疗团队沟通的艺术。艰苦学习人际沟通技能的阶段结束了，你已经准备好去处理机构或公司内部的沟通问题。这时，你很有可能已经在公司担任领导职务，比其他认证行为分析师的资历更深，正在为公司日常业务的顺利开展做出贡献，包括参加特别委员会、主持管理会议、担任年轻行为分析师的督导。人际沟通技巧现在对你来说已是信手拈来，那么现在你应该考虑将这些指导原则贴合到公司的组织结构中。如果沟通失败，公司高管就无法有效地将公司发展的愿景传达给所有员工，与服务对象直接接触的员工也无法向中高层管理者倾诉他们日常遇到的挫折。这可能会导致服务对象的治疗效果不尽如人意，员工晋升的机会被浪费，资源被挥霍，还会造成人员流失。这就需要有一位经验丰富的行为分析师，充分了解公司内部的沟通需求，为此制订有效的解决方案。

资深行为分析师

为了促进公众对应用行为分析的理解和接受,每家公司都必须成为社区活动中可靠的、受人尊敬的合作伙伴。公司的核心价值应该通过参加社区项目的方式体现。作为一名有十余年从业经验的资深行为分析师,你应该充分利用自己的人际沟通技巧,帮助公司阐明核心价值,提出服务社区的支持方案。利用我们在循证领域的实践经验,你还可以提供评估这些支持方案的方法,鼓励员工去参与那些最有效的方案。

小结

本章概述了从研究生到资深行为分析师的四个职业生涯阶段中,行为分析师取得成功所需要掌握的人际沟通技巧。这些技巧包括信息规划、积极聆听、关注肢体语言、时不时地进行口头及肢体语言强化,以及将微观技能扩展为宏观技能。年轻的专业人员需要拓展自己的技能,包括提升行为灵活性。在与他人互动时,行为灵活性能够让我们根据不断变化的环境做出适当的调整。在应用行为分析领域中,针对不同个体的人际沟通技巧至关重要。

第 3 章 应用行为分析中的伦理

> 在招聘员工时，你要在他们身上寻找三种特质：诚信、智慧和活力。如果他们不具备第一种特质，其余两种特质将毁灭你。
>
> ——沃伦·巴菲特（Warren Buffett）[①]

研究生毕业后的第一份工作

你的新工作

对于刚开始从事认证行为分析师全职工作的应届毕业生来说，在管理服务对象个案、督导注册行为技术员和认证助理行为分析师的同时，时刻遵守执业伦理标准，似乎有些力不从心，但这却是工作的关键部分。发现执业伦理上的问题是一回事，而解决这个问题又是另一回事。与伦理相关的问题在你接受面试的时候还不突显，初次的显现可能是在你向管理层提出一些令你不安的问题却碰壁时。公司可能聘请了某位服务对象的父亲担任会计，这时你会注意到，与其他服务对象相比，他的孩子似乎得到了优待。这是双重关系（有时也叫作多重关系）的自然结果，但依照《行为分析师专业伦理执行条例》[②]，这是一个亟待解决的问题：

条款 1.11　如果多重关系已经形成，行为分析师应当采取适当措施予以妥善解决。如果不能立即妥善解决，行为分析师应当根据条例规定制订适当的防范措施，以便发现和避免利益冲突，同时制订计划，最终妥善解决多重关系。

[①] 编注：美国企业家、投资家。
[②] 编注：《行为分析师专业伦理执行条例》由行为分析师认证委员会（Behavior Analyst Certification Board, BACB）发布，常被称为"条例"或"伦理条例"。自 2016 年起，所有 BACB 申请人、认证持有人和注册者都必须遵守条例。

这将是对你的公司或团队能否严肃对待伦理条例的一次检验。如果他们不能以合乎伦理的方式解决这个问题，你今后的工作将十分艰巨。其他有碍治疗但又合乎伦理的因素可能还包括：学区的政策、抵制实施行为计划的家庭，以及不能为服务对象提供遵守伦理的治疗资源。

伦理行为的障碍

正是在这一阶段，充满热情、理想主义和品德高尚的行为分析师可能会在伦理方面开始觉醒。似乎总有各种各样的因素妨碍或限制合乎伦理的治疗。一个显而易见的事实是，做正确的事是需要付出代价的。某些案例中的代价是时间成本或资金，而在更多的案例中，代价是员工的人力或特殊的专业技能。你可能知道满足循证治疗要求的做法是怎样的，但资金却不允许。你认为如果每周只有 20 个小时，或者如果能以某种方式把服务对象送到肯尼迪克里格研究所①，你就能满足他们的需求。《行为分析师专业伦理执行条例》条款 2.19 规定"消除妨碍服务的环境因素，或者将干扰降到最低"，但这可能是一项极其艰巨的任务，或者压根不可能完成。

从事非行为工作同事违反伦理的行为

由于从事非行为工作的同事不受《行为分析师专业伦理执行条例》的约束，应付他们的伦理行为往往是一种挑战，而且他们可能并不像我们一样致力于做出基于数据的决策。最好的应对方案是，和他们建立一种工作关系，共同努力，为服务对象创造最大的利益。如果你已经将自己定位为他们的"强化刺激"，如果你已经证明自己是一个讲诚信的人，或许你可以就那些你认为违反伦理的行为提出质疑或展开讨论。仔细地斟酌你的措辞，确保从一些开放式问题开始，避免直接指责对方。因为你可能是错的，也可能曲解了某些行为。你一定不想冒犯这些同事。理想的情况是，你能够让他们尝试站在你的角度看问题。你希望这次互动能为服务对象带来有效的治疗。最重要的一点是，你尊重他们，愿意聆听、了解他们的观点，尽一切努力和他们一起帮助服务对象。

---

① 原注：www.kennedykrieger.org，位于巴尔的摩的经国际认证的行为治疗中心。

从事行为工作同事违反伦理的行为

虽然并不常见，但同为行为分析师的同事可能偶尔也会带来一些挑战。有些行为分析师在拥有十多名认证行为分析师或认证助理行为分析师的机构工作。如今，行为分析师的教育背景可能截然不同。其中一些人可能完成了由专职教师负责的两到三年的标准研究生课程的学习及实习，而另一些人可能先在网上完成了理论学习部分，然后再接受督导，积累一定的督导时数。因此，这两种行为分析师接受的伦理方面的教育，一种是一个学期标准的3学分课程①，另一种是几次讲座。如果你曾是一名应用行为分析专业的研究生，在一个学期的15周里，每周要上三节执业伦理课，在一个又一个场景中挥汗如雨，绞尽脑汁想出针对复杂案例最合乎伦理的解决方案，在同事面前为自己的方案辩护。那么，你可能比那些只在电脑前听老师讲课的学生对伦理困境更加敏感。然而，你应该明白，并非所有人都像你一样认真地对待伦理行为问题。

如果仔细研究伦理条例，你会发现它的内容涵盖了所有最常遇到的情况。和其他行为分析师一起工作时，你可能偶尔会看到别人有违反伦理条例的行为。《行为分析师专业伦理执行条例》可以给你提供一些帮助，因为它会指导你"直接告知当事人，自己对其专业不当行为的关注与担心"（行为分析师认证委员会《行为分析师专业伦理执行条例》，第5页）。虽然它没有明确说明执业伦理的底线在哪里，但之前给的诚信承诺表明，不需要当事人出现重大违规行为，你就可以做出反应。因为面对的可能是自己的同事，所以最好先就你所知道或看到的情况问一个简单的、不带指责性的问题，然后要求会面，当面向对方说明你的担忧，观察对方的反应。如果对方的回应让你满意，那么这事就翻篇了，你可以继续推进工作。如果你仍然担心这位同事会对服务对象、公司或行业构成威胁，就需要凭良心行事，因为伦理条例并未规定下一步你能采取的行动。这种时候，你最好向你的督导或对方的督导征求意见。

获得有效且限制最少的治疗的权利

在行为分析中使用基于数据的治疗方法，是我们与其他公共服务相比独特的地方。几乎每一天，行为分析师都要费尽心思为服务对象选择最合适的治疗方法，以替换掉某些治疗方法——它们有的风靡一时，有的是过时的安慰剂效应，有的则是彻头彻尾的骗局。在骗局中，满足人们一厢情愿的想法和希望才是最重要的。在应用行

---

① 译注：此处英文为3-credit-hour course，按照美国学分制度，相当于每周要上3个小时的课。

为分析领域，我们对这些不入流的灵丹妙药态度强硬。《行为分析师专业伦理执行条例》指出，"行为分析师如果担心由其他专业人员正在提供的服务对自己的行为干预服务造成了负面影响，则应采取适当的措施对此进行检查并且与相关专业人员交涉"（行为分析师认证委员会《行为分析师专业伦理执行条例》条款 2.18[①]，第 12 页）。身为行为分析师，必须保证我们所实施的行为干预是基于同行评议（peer-reviewed）的应用研究，并且在治疗过程中不断地进行评估（条款 2.18，第 12 页）。我们的指导方针进一步指出，避免使用有害的强化物，建议用强化替代惩罚，并消除那些可能妨碍干预计划正常实施的不利条件（条款 2.19，第 12 页）。最后这条准则是本领域专业人员伦理行为的重要组成部分。因为得依赖中间人[②]来执行我们编写的方案，所以务必确定他们有资格实施干预。我们还需要对他们进行技能培训，并监督他们的表现。

诚信

行为分析师日常工作中所面临的一项最重要的挑战，就是诚信行事（核心原则第 3 条，2020）[③]。如果想赢得服务对象的信任，就必须让他们认为我们的信息来源是真实可靠的，我们可以为他们提供有关行为及如何改变行为的信息。遵守伦理的行为分析师不会承诺自己无法兑现的事情，不会掩盖真相，不会提出离谱的要求，也不会推翻自己的承诺。他们坚决遵守法律。承诺如此重要，如果一名行为分析师能够始终如一地按时兑现承诺，不找任何借口，他／她就能被视为遵守伦理。诚信的人不会因为（治疗方法）正在流行、操作简单或能带来眼前的利益，就被说服改变自己的立场。

一个当下的窘境可以很好地证明行为分析服务在诚信方面面临的挑战，那就是为孤独症谱系障碍儿童的家长提供的大量"替代"疗法。行为分析师告诉我们，几乎每天都有家长或利益相关方向他们咨询地板时光（Floortime）、高压氧治疗（hyperbaric oxygen treatment）、辅助沟通（facilitated communication, FC）／打字支持系统、无麸质和无酪蛋白饮食、感觉统合、听觉统合等疗法的问题。家长们想得到你的意见，

[①] 编注：后文中类似之处，将省略"行为分析师认证委员会《行为分析师专业伦理执行条例》"。

[②] 译注：通常包括注册行为技术员、认证助理行为分析师（BCaBA）等。

[③] 原注：Behavior Analyst Certification Board (2020). Ethics Code for Behavior Analysts. www.bacb.com/wp-content/uploads/2020/11/Ethics-Codefor-Behavior-Analysts-210902.pdf

而且往往希望从你嘴里听到，他们可以接受这些非循证的治疗。但是伦理条例规定，必须向服务对象告知我们坚信的是基于数据的干预方法。诚信意味着坚持崇高的伦理标准，在此方面，我们有三条原则：（a）对受服务影响的各方负责；（b）承诺进行循证治疗；（c）最重要的是，不伤害他人。

选择合乎伦理的工作环境

在应聘至关重要的第一份工作时，你需要确保面试的这家机构是完全遵守商业道德和行为分析师认证委员会的伦理条例的。阅读《行为分析师执业伦理与规范（第4版）》一书的第14章，了解在面试时你要问的问题（Bailey & Burch, 2022）。

> 工作几周后，我发现工作人员记录的数据都是编造的。督导否认问题的存在，而管理人员也不能提供任何帮助。
>
> ——匿名认证行为分析师

这位匿名者提出的伦理困境是一个难题，必须由行为分析师采取直接的行动来解决。行为分析师有义务亲自去跟管理人员交涉，解决这样的问题，哪怕有时结果并不尽如人意。我们通常建议行为分析师在与管理人员会面时，随身携带一份《行为分析师专业伦理执行条例》的副本，向其指出事件涉及的条例。大多数机构都在接受国家的资金支持和定期审查。公司如果在知情的情况下使用虚假信息，就构成了一种欺诈行为，将被处以罚款或吊销营业许可证。瞻前顾后的年轻行为分析师可能不希望事态发展到这一步，但联系保险公司是正确的做法①。伦理条例的设计初衷，就是保护那些守护服务对象有效治疗权利的专业人员。

年轻的专业人员（从业3~5年）

随着职业的发展，你开始规训并帮助其他人遵守执业伦理，例如你的督导对象、培训对象和注册行为技术员。与此相关的标准是《行为分析师专业伦理执行条例》条款1.01"诚实守信"。为减少有些行为分析师可能存在的偏见，条款1.07中提出了一项额外要求，即"对评估督导对象和培训对象的偏见进行评估"，以便为"有不同需求的个体"提供最佳的行为支持（《行为分析师专业伦理执行条例》，2020，第12

---

① 编注：可以向保险公司举报这种欺诈行为。

页）。根据目前积累的工作经验，你可以总结一些培训材料，设计一些方法来实现这项目标。

职业生涯中期（从业 6 ~ 10 年）

步入职业生涯中期后，你就能够对公司的执业伦理文化产生一定的影响。你可能创立了伦理委员会（Moon, 2019），甚至担任伦理委员会的主席。发扬伦理文化的其他活动还包括：建立遵守伦理行为的表扬机制、定期开会讨论伦理问题、邀请嘉宾就伦理问题作专题演讲，以及"在工作单位建立强化诚实行为和有原则行为的依联"（Bailey & Burch, 2016, p.168）。

资深行为分析师

作为一名资历丰富的行为分析师，你应该可以为公司制定出符合《行为分析师专业伦理执行条例》的规定。与这种规定类似的还有，经过行为健康卓越中心（Behavioral Health Centers of Excellence, BHCOE）[1][2]认证的所有组织现在要求的伦理、诚信、专业精神的 10 项标准。这些标准涉及：员工应遵守伦理规范；如有服务对象引荐了其他的服务对象，不允许对其进行奖励；制定交换礼物的相关政策；避免双重关系等。

小结

本章涵盖行为分析师取得职业生涯成功所必备的执业伦理的相关技能。在工作的各方面保持诚信是行为分析师获得服务对象及利益相关方信任的必要条件。伦理挑战几乎每天都在出现，其中还涉及终止服务所需的条件，如服务对象的家属斥责或辱骂治疗师、父母不愿执行治疗计划或家庭环境不适合治疗等。还有一项挑战是，从事非行为工作的那些同事有违反伦理的行为，因为我们偶尔会发现，他们并不总是遵守我们的治疗标准。

---

[1] 原注：https://bhcoe.org/2021/01/webinar-recap-bhcoe-ethics-integrityprofessional-standards/。
[2] 编注：行为健康卓越中心是一家评估行为健康服务公司服务质量的国际认证机构。

第 4 章　应用行为分析及你的专业领域的总体能力

> *我说过，我只是个干练的人。但在这个平庸的时代，这一点就足以让我显得非同寻常。*
>
> ——比利·乔尔（Billy Joel）①

行为分析为我们提供了一套可以解释各种行为的基本原理。上至老人，下至婴儿，从重度和极重度残障人士到世界级运动员和 500 强企业的 CEO，任何人都可能成为行为分析领域的服务对象。50 多年来，《应用行为分析杂志》一直在为我们提供严谨的研究成果，这些成果指明了精确的测量方法、完整的功能分析体系以及结果可靠且可复制的治疗方案，从而实现了斯金纳（B. F. Skinner）的梦想，即建立一门经过实证检验的行为科学，造福人类。这一坚实的科学基础使我们站在了为社会做出重大贡献的理想位置。但不利的一面是，有时候，我们可能提高了消费者的期望值，却无法切实达到他们的心理预期。不是因为我们没有技术，而是因为我们的工作人员对各类人群的具体情况了解得还不够充分。简言之，当行为分析师在自己的治疗领域不能完全胜任工作时，问题就出现了。研究生期间专攻孤独症治疗的行为分析师未必清楚该如何治疗阿尔兹海默症患者，而在小学课堂中实习的行为分析师未必知道该如何治疗有自伤行为的发育障碍青少年。我们的伦理条例明确规定，行为分析师不应在他/她胜任的范围外开展工作（条款 1.05），但这并不妨碍管理人员、督导、家长或其他人在此类情况下向其寻求帮助（Bailey & Burch, 2022）。有爱心和同情心的行为分析师可能很难拒绝他们的请求，尤其是如果求助者身边几乎没有其他合适的专业人员的话。

> *鲜血从蒂姆的耳朵里流出来，然后顺着脸颊流下去。这时我才意识到，我陷入了困境。*
>
> ——匿名，一名新手认证行为分析师

---

① 编注：美国歌手、音乐家。

研究生毕业后的第一份工作

我们的新手行为分析师（前文中的匿名认证行为分析师）将自己置于十分不利的境地，甚至会就此断送自己的职业生涯。具备自身专业领域的总体能力意味着了解该领域中行为的复杂性。这包括：知晓自己应该关注服务对象资料信息中的哪些部分，如服务对象的医疗情况；充分理解医学术语以确定服务对象病情的严重程度，如撕裂伤与擦伤的细节差异；在拥有一定的专业背景知识后，询问服务对象最近的行为事件以及受伤时的具体情况。掌握了这些，才意味着你在接手这个个案时，已经完全了解了自己的处境。这不仅是为了保护你自己，也是为了保证服务对象的最佳利益。如果服务对象在你的监管下受了伤，你就必须承担一定的责任。如果事实证明你确实不具备处理该事件的资格，就可能会给你的职业生涯带来麻烦。

年轻的专业人员（从业 3~5 年）

平稳地度过认证行为分析师的第一年是一项重大成就，这意味着你已经掌握了应对服务对象和督导对象带来的日常挑战所需的基本行为技能。但现在还不是满足现状的时候。相反，在行为分析工作中，你应该在培养一个或多个特长的同时，重点培养总体的基础能力。

应用行为分析的总体能力

要完全胜任应用行为分析的工作，意味着你的能力应该远远超过通过行为分析师认证委员会（Behavior Analyst Certification Board, BACB）考试这样的最低标准。大家普遍认为，这项考试是对本领域最低实践能力的测试。通过考试并不意味着你有资格接手任何个案。如果你是这个令人骄傲的业界里的一员，那么领导对你的期望就是通过阅读提升自己，以及参加继续教育活动。

不断扩充自己的行为分析知识，意味着你要阅读每年新出版的专业书籍，参加国际行为分析协会（Association for Behavior Analysis International, ABAI）的年会，参加本专业以及更多领域的学术会议。ABAI 发起了斯金纳系列讲座，邀请行为分析相关领域的学者和研究人员介绍他们的最新研究成果和与行为相关的创新理论。例如，最近的一次年会上有"以治疗抑郁症来减少心血管疾病的行为风险因素：预防行为医学视角"主题、"动植物的智能行为"主题和"不同给药途径的大麻剂量效应：主观、表现和药代动力学差异"主题的学术分会①，这些分会你都可以参加。

每一次会议对行为分析师来说都是一次开拓思维、丰富经历的体验，与会者们的挑战是通过会议，形成有趣、复杂、充满可能性的行为分析世界观。想到本领域对于行为的看法正受到各类行为科学家们的重视，我们备感欣慰，同时也开始认识到，将不同的专业领域结合在一起是一件极具挑战性的事情。参加会议和讲座将使你的能力更上一层楼。

监督自己的实践

除了坚持阅读和参加学术会议之外，还有一个保证自己能够胜任工作的重要方法，就是认真监督自己的实践。你必须收集从基线期到追踪期全程的所有数据，确定你的行为干预计划是否有效。这是我们领域区别于其他公共服务行业的独一无二的要求（条款 2.17），要确保诚实地履行这一承诺。寻找能够帮你审查数据的同事也是一项重要的能力。这项工作属于同行评议的范畴。查看数据并宣布其"可靠"是一回事，将其展示给独立的专业人员并征求其意见又是另一回事。如果你所在的区域已经组织了一个同行评议委员会，就可以利用委员会成员的监督和反馈，保证自己始终能够具备胜任工作的能力。由其他有能力的行为分析师进行同行评议，将确保你始终站在本领域的最前沿。你甚至可以向同事介绍自己在年会上学到的或在最新一期的《应用行为分析杂志》或《行为分析实践》（*Behavior Analysis in Practice*）上读到的新技术，提高他们的能力。

培养专业能力

在一个涉及绩效管理能力的案例中，一位拥有绩效管理基础经验的硕士级别新手行为分析师得到了一个面试机会。这是一份关于露天采矿和钢铁行业安全的工作，做这份工作要被委派至国外。这位研究生想得到她的专业课教授的建议，她兴奋地对教授说："我对采矿和钢铁行业一窍不通，但我一直很想出去旅行，所以这份工作非常适合我。"在看完具体的情况介绍后，教授问她："他们需要的是学得快，并能与那

---

① 原注：第 43 届国际行为分析协会年会，美国丹佛，2017 年。www.abainternational.org/events/program-details/search-result.aspx?intConvId=48&by=BFSkinner

些头戴安全帽和防护镜、脚蹬铁头靴的工人们沟通的人。你能做到这些吗？"她回答"当然"。"好吧，那你就去参加面试吧，记得强调自己快速学习的能力很强，善于和人打交道。还要说到你在各种商务场合中积攒的工作经验。你准备了六个月，参加了一次筹款马拉松，跑进了前100名，募集了3000美元善款，别忘了提这个事迹。最后，不要忘记询问对方，你将接受怎样的培训，你未来督导的性格。"

最后这位毕业生得到了这份梦寐以求的工作。尽管她无法胜任露天采矿的岗位，还是欣然接受了这份工作。因为她所属的咨询公司在她入职前就明确表示，她将会接受大量的培训和督导。六个月的时间里，她全权负责两名服务对象，并准备培训另一位新手咨询顾问。她说道："他们给了我两个四英寸的文件夹，要求我在一周内熟练掌握这里面的资料。我向他们证明了自己快速学习的能力，读研期间所受的训练这时真正派上了用场。"

你在专业领域具备的总体能力

在应用行为分析中，有许多专业领域。从孤独症治疗到动物园里的工作，我们可以毫不夸张地说，行为分析师专业的领域名称可以从 A 排到 Z。这些领域包括但不限于药物成瘾、严重攻击行为、动物行为、孤独症、行为老年学（behavioral gerontology）、医药学和儿科学（pediatrics）。附加领域包括行为安全、临床和发展行为分析、发育障碍、直接教学（direct instruction）、出走（elopement）、赌博、健康、运动、组织行为管理、家长培训、绩效管理、异食癖、严重破坏性行为、性治疗（sex therapy）、自伤行为（self-injurious behavior, SIB）、睡眠障碍、语言行为（verbal behavior）。

要具备专业领域内的总体能力，你首先需要清晰地界定自己的专业领域，因为总体能力涉及你所学的课程和实习经历。你还需要完成必要的继续教育时数，阅读相关的学习材料，以便跟上行业的发展。如果你想要胜任某一专业领域的工作，就得在广泛阅读的同时，再额外订阅两三本专题期刊。最后，为了培养自己的总体能力，你应该在该领域的不同环境中积累数年的工作经验，这些环境既包括严格控制的临床环境，也包括开放社区等。下面列出了一些重要的期刊，上面发表的是单一被试实验设计的研究成果或专门针对行为障碍的研究成果（Bailey & Burch, 2018, p.39）：

- 《美国智力缺陷杂志》（*American Journal of Mental Deficiency*）

- 《语言行为分析》（Analysis of Verbal Behavior）
- 《行为分析实践》（Behavior Analysis in Practice）
- 《行为改变》（Behavior Change）
- 《行为矫正》（Behavior Modification）
- 《行为研究与治疗》（Behavior Research and Therapy）
- 《行为治疗》（Behavior Therapy）
- 《行为评估》（Behavioral Assessment）
- 《行为干预》（Behavioral Interventions）
- 《儿童与家庭行为治疗》（Child & Family Behavior Therapy）
- 《认知疗法与研究》（Cognitive Therapy and Research）
- 《儿童教育与治疗》（Education and Treatment of Children）
- 《孤独症与发育障碍杂志》（Journal of Autism & Developmental Disabilities）
- 《行为疗法与实验精神病学杂志》（Journal of Behavior Therapy and Experimental Psychiatry）
- 《行为教育杂志》（Journal of Behavioral Education）
- 《组织行为管理杂志》（Journal of Organizational Behavior Management）
- 《积极行为干预杂志》（Journal of Positive Behavior Interventions）
- 《孤独症谱系障碍研究》（Research in Autism Spectrum Disorders）

另有三本期刊偶尔会刊登行为学实验方面的报告：

- 《环境与行为》（Environment and Behavior）
- 《实验儿童心理学杂志》（Journal of Experimental Child Psychology）
- 《心理学记录》（Psychological Record）

在专业领域积累了多年的经验后，你就可以判断出哪些案例可以放心地接手，哪些案例需要转介给其他专业人员。下面的清单可以帮助你确定自己能否完全胜任该专业领域的工作：

- 我接受过委员会的认证行为分析师开展的专业培训，他是该领域公认的专家。
- 我阅读过近期发表在该专业主题顶级期刊上的绝大多数研究报告，这些研究已经过同行评议。

- 我拥有并熟读过该专业主题的参考书和教科书，它们被认为是具有里程碑意义的著作。
- 近一年里，我参加过该专业的主题研讨会。
- 我可以认出该专业领域的专家，并且在多个场合里与他们有过交集。必要时，我可以通过视频会议软件、电话或电子邮件同他们取得联系。
- 同事经常就他们手头上涉及该专业领域的个案来找我咨询。
- 我在州级或全国的行为分析会议上就该主题发表过演讲。

也正是在此阶段，许多行为分析师确定了这就是他们想要奉献一生的事业，开始考虑抽出一部分时间去攻读博士学位，甚至由此而步入学术界。攻读博士学位要花三至五年的时间，但这确实可以帮助你聚焦某个特定领域，并为撰写同行评议文献做出贡献。

职业生涯中期（从业 6～10 年）

进入行为分析师职业生涯的这一阶段，你应该是这样的状态：每周在个人专业发展上花上几个小时，跟进《应用行为分析杂志》和专业领域内其他期刊上发表的最新研究进展。你会参加日程上的州级和全国大型学术会议，并在会议上参加专业领域的分会。你可能会受邀发言，甚至可能会受邀作主旨演讲。在这一阶段，像单独与你的同事会面、参加特别兴趣小组等这些活动都是很重要的，能让你了解该专业领域的研究和实践动态。有时候，你可能会跟远程工作的同事在视频软件上安排定期会议，也可能计划着去他们的实验室或诊所参观，了解他们开发的新技术。

资深行为分析师

作为一名资深行为分析师，你应该对一切都游刃有余。虽然也有资深行为分析师选择在治疗服务对象方面深耕，但你要意识到，资深行为分析师在发挥专长方面还有更多的可能性。你很可能已经成为两个或更多个专业领域公认的专家，大家正在找你咨询临床的问题或企业组织的问题。

小结

　　本章介绍了从研究生毕业到成为资深行为分析师的各个阶段的行为分析师的能力预期，描述了行为分析师应首要掌握的技能，这些技能体现在直接为服务对象提供治疗服务方面，还体现在为处于实践一线的人提供督导方面。我们得到的一个教训是，要确认自己的能力范畴。接到超出自己专业能力范围的案例时，最符合执业伦理的做法是拒绝接收这个案例，并说明理由。有了一两年的认证行为分析师工作经验后，你应该掌握标准的服务工作基本流程。有了两年及以上的认证行为分析师工作经验后，你可能需要多参加研讨会、工作坊，与自己的导师一起努力，发展某个领域的专长。

第5章 "以功能为考量"

> 目前所缺乏的，是一个令人满意的"因果的"或功能的治疗。
>
> ——B. F. 斯金纳

> 我喜欢探究人们的各种行为，以及皮囊下隐藏的内心世界。我对这些有着病态的迷恋。
>
> ——约翰尼·德普（Johnny Depp）[①]

研究生毕业后的第一份工作

"以功能为考量"[②]是一句箴言，它提醒着我们，每一个行为都有应对的办法，而要想找到应对的办法，就要先了解行为的动因。通俗地说，人们的所作所为都是有原因的（Skinner, 1975, p.5），如果我们能找到这个原因，就有可能制订出改变这个行为的治疗方案或干预措施。而在应用行为分析领域，我们寻找的原因通常就在临近之处（proximal），隐藏在环境中。一个孩子之所以哇哇大哭，是因为这种行为能让他获得想要的东西（"巧克力泡芙，我要巧克力泡芙"），或者能让他从不喜欢的活动中脱身（"我不想上床睡觉"）。普通人没有接受过训练，看不出生活中的各种变化，往往习惯给各种行为贴上标签（"他就喜欢叽叽歪歪，老是这样"），或者抱怨（"她跟她爸爸一样懒"）（"都是他的错，他就是个反面教材"）。行为分析师以发现环境中的变化而闻名，会将所发现的结果应用在临床案例中，解决其中的问题，也会应用在组织中，解决更大的问题。本章将介绍行为分析师在其职业生涯中对"以功能为考量"的一些应

[①] 编注：美国影视演员。

[②] 原注：这句箴言为本书第一作者在1987年佛罗里达州行为分析协会（FABA）的会议上所提，布赖恩·艾瓦塔（Brian Iwata）博士是此次会议的主讲人。

用，这些应用是非临床方面的。

在硕士就读期间，应用行为分析专业的学生在循证方面上的第一课，就是进行功能分析（functional analysis, FA; Iwata, Dorsey, Slifer, Bauman, & Richman, 1982, 1994），功能分析对于制订行为计划至关重要。作为一名学生，进行一次或多次这样的复杂评估是在为其行为分析职业生涯做准备。但这可能会导致学生形成一种相对缺乏远见的行为观点，即只关注服务对象表现出的特定行为，以及可能导致这种行为的环境中的即时依联（逃避、关注等）。在临床或教育环境中，进行功能分析是一种自然而恰当的反应。而且在做功能分析时，你会感觉自己像个行为科学家一样，这种感觉很好。在督导期间做过几次功能分析后，你会见识到多因素设计（multi-element design）的威力，更加佩服每期《应用行为分析杂志》上发表的大量功能分析研究报告。学会阅读研究报告中显示差异的图表，并辨认哪些变量真正与行为相关，是一项了不起的成就，这能促使干预迅速奏效，取得惊人的效果。

对利益相关方的行为进行功能分析

只有当你进入下一个阶段，试图看到功能分析的结果时，事情才开始露出真实面目。如果是由你来执行行为干预计划，倒不会出什么问题。但如果是由注册行为技术员、家长、老师和其他利益相关方来执行，可能就会出问题。这才是"以功能为考量"的真正意义所在（图5.1是本书第一作者为佛罗里达州行为分析协会设计的标识）。你必须找出究竟是哪里出了问题：你的培训是否不够深入？任务是否太难？执行计划是否需要一定的反应代价（response cost）？你提供的反馈和强化是否足够？这些情况都有可能发生，只有找出其中的相关因素，你的干预计划才能取得成功。依靠自己的直接观察和相关数据，评估你在培训（服务对象的）看护人方面的专业能力。当这些人没有按照要求执行你的行为计划时，你只能自己去直接观察计划的执行情况。如果你不对他们使用行为技能训练（Behavior Skills Training, BST），他们是一定搞不明白的。他们可能会遗漏行为干预计划中一些至关重要的步骤，如果计划对他们不起作用，他们就不干了。另外，也有可能是计划中的步骤过多，或者你没有按照逻辑顺序向他们介绍这些步骤。通过直接观察，你就能找出问题所在，所以直接观察可以作为你的第一项策略。通常情况下，你需要先向注册行为技术员或看护人讲解和示范行为计划，然后，再逐步地撤出，把执行计划的工作完全交给他们。撤出得太快也会导致出现问题。一个令人头疼的"功能"是，他们对行为改变的整个理念并不买账。不买账的人通常不是注册行为技术员，而是家长或教师。如果你过快地从评估问题行为转到提出行为计划，没有回答他们的问题和倾听他们的意见，这种形式（即提问、提意见）的抗议可能会被你忽视。一旦这样，你就需要重新回到起点再试一次。你要考虑修改你的计划和相关的培训，然后努力说服他们，让他们认识到这项工作的重要性，认识到他们在这个解决方案中的关键作用。通常，只要你清楚地证明你的建议是如何奏效的（尤其当它有显著效果时），就能帮他们摆脱对新想法的抵触情绪。被指派去执行行为干预计划的人，制造的阻力都有一定的功能。找出这些功能，然后进行必要的工作调整，你就能在职业道路上稳步前进。

图5.1　该图是佛罗里达州行为分析协会的标识。

对督导对象的行为进行功能分析

在第一份工作中，你还有可能面临另一个群体给你带来的行为挑战，这个群体就是你的督导对象们。作为一名新晋的认证行为分析师督导，这可能会令你大吃一惊，尤其如果你曾经是一名一流督导培训的出色的督导对象。你手下的注册行为技术员和培训对象可能没有接受过良好的培训，积极性不高，或根本不够专业。对你来说，与其指责他们的缺点，不如"以功能为考量"。既然他们还没有做好充分的准备成为一名注册行为技术员，那么你的"督导"工作中就应该增加再培训和纠正的任务。仅仅针对他们的行为给出反馈,不能弥补他们的懒散态度导致的不足。要让他们达到你的标准,可能需要做好指导、示范、角色扮演、练习,再加上反馈。缺乏动力的原因是没有足够的强化物支持——这个群体拿到的工资,可能与他们日复一日、夜以继日地与服务对象打交道所付出的努力不成正比。虽然处在现在的督导位置,你对于工资问题可能还无能为力,但随着在组织中重要性的不断提升,你也许能在这方面做点事情。

对自己的行为进行功能分析

从家长送孩子去诊所时迟到(汽车抛锚,或者有人睡过头了),到本地的突发新闻(I-10 州际公路发生五车连环相撞事故),再到国际关系的变化(日内瓦和谈无果而终),以功能为考量可以应用于任何地方。它不仅在你自己的行为(新年许下的戒烟愿望进展)上发挥着作用,在你的服务对象、服务对象的家长、你的同事、督导或大学讲师的行为上也是一样的。如果你的督导经常忘记把最终工作认证表(experience verification form, EVF)带到督导会议上,或者完全忘记开会;如果档案管理员经常把你上交的文件弄丢,而你的注册行为技术员收集的数据总是不完整,该怎么办?这些行为总会惹得人担心和抱怨,而想要改变这种局面,你需要做的是了解控制变量。对你自己说"我需要以功能为考量"。你可以要求跟督导会面或者跟记账员谈话,但只有当你理解了控制变量,开始系统地改变环境,产生了不一样的结果时,局面才能有所扭转。

在从培训对象成长为一名成熟的认证行为分析师,并可能成为一名认证行为分析师督导的过程中,你应该针对自己和同事们的职业行为,去执行一些非正式的功能分析。虽然这种功能分析看起来和传统的实验功能分析课程有所不同,但两者的目的是一样的。在我们使用 Iwata 模型①进行功能分析之前,可以先用一种寻找控制变量的试错法(Trial and Error Method),再结合最小限制法(Least Restrictive Method),这样的策略可能是最有用的,能让你立刻开始行动。研究生学校就是你行动的好地方,你应该从那个时候就理解,要从自己的行为开始去寻找功能变量,可以从个人和职业习惯方面入手。找一个能够对你说实话的好朋友或同学。问问他,你在跟服务对象、利益相关方及督导打交道时的着装、仪容仪表和表达技巧方面,有哪些可以提升的地

---

① 编注:Iwata 等人利用被称为标准化功能分析的方法来系统地评估结果的依联影响。

方。因为在大多数情况下，你的教授是不会在这些方面给你反馈的。做好心理准备，坦诚地跟他讨论你的外表（比如，涂太多须后水、香水味太浓、体香剂没用够），以及你在与服务对象、家长、利益相关方打交道时的举止。你的督导很可能会关注你处理服务对象行为的方式。

年轻的专业人员（从业 3~5 年）

工作了一两年后，对你在"以功能为考量"方面的要求会变得更高。如果你遵循了前文中建议的指导原则，那么你现在应该已经能够找出他人的行为的功能和不当行为的功能，相应地收获了很多的强化。希望这时候你已经克服了身上的一些明显缺陷和小瑕疵，也学会了如何说服服务对象积极愉快地参与行为改变计划。到目前为止，你应该已经取得了很多成就，甚至可能已经声名远扬。作为年轻的专业人员，你的下一项任务是环顾你所在的组织，找出这个服务系统中存在的缺陷。在职业生涯的这个阶段，你应该一直奉行"以功能为考量"这句箴言，并将之运用于你与服务对象、看护人、督导对象以及同事的日常交流中。

职业生涯中期（从业 6~10 年）

在职业生涯中期，你已经经手了数百个临床案例，还管理过数量相当的注册行为技术员和督导对象。现在，你已经可以驾轻就熟地运用"以功能为考量"。在听家长们描述他们孩子的行为时，你立刻会联想到之前处理过的相似案例，并且能预测出之后的走势。丰富的经验也会提醒你对自己的判断保持一定的怀疑，因此，你的首要任务就是亲自观察这些孩子。通过直接观察，你能够"看到"服务对象的行为功能是在如何运作的，从而指导团队找到治疗方法。

资深行为分析师

作为一个拥有超过十年经验的资深行为分析师，你应该已经充分认识到，行为分析不仅能对儿童及其家庭产生影响，还能对你所在的社区产生较大的影响。凭借你积累的经验和人脉，以及对所在社区的问题的认识，你可能在思考更深远的问题，如流浪者、失业率、毒品、教育、选民登记、犯罪等。这些问题都可以从"以功能为考量"的角度来解决。你可能还希望你的组织参与公民特别工作组,该工作组不仅可以给出短期的解决方案,还可以更好地帮你了解造成这些问题的依联,以纠正潜在因素。比尔·休厄德博士(Dr. Bill Heward)关于气候变化和可持续发展实践的行为倡议,对于所有希望有所作为的资深行为分析师来说是一个很好的范例(Heward & Chance, 2010)。

小结

本章介绍了功能分析这一概念。它是一种设想并发现所有行为动因的方法,新手认证行为分析师以此与服务对象的家庭和利益相关方进行合作。对于年轻的专业人员来说,其所在的机构通常对他们有更高的期待,希望他们能参与更多方面的工作,如招聘和留住优秀的注册行为技术员,改进培训技术,处理与服务对象互动中出现的伦理问题等。在这个领域工作达到或超过六年后,你应该能够轻松地理解服务对象家庭及利益相关方的动因,并跨越种种障碍,与他们圆满合作。

第二部分

基本的行为技能

在一场应用行为分析督导的研讨会上，一位认证行为分析师－博士级谈起了她的督导对象——一些拥有一两年经验的认证行为分析师：

> 他们正在学习督导注册行为技术员所需的知识体系。虽然他们已经是认证行为分析师了，但有些人只有一两年的工作经验，所以我还得监督他们，确保他们按照行为计划的规定行事。我还得确保数据是他们自己收集的，然后把他们收集的数据与注册行为技术员收集的数据进行比较——这是硬性要求。我相信，给认证行为分析师们提供反馈和培训，将有助于培养他们的领导能力。
>
> 我们会为各种各样的对象提供服务。而一些认证行为分析师来自小城市，在那里，他们没有遇到过这种多样性的服务需求。进行上门干预时，我们希望所有的员工都能具备文化敏感性——他们需要了解每个人的文化并对其文化保持敏感。
>
> 最重要的是，认证行为分析师必须成为服务对象及其家庭利益的坚定倡导者。对于这一点，我们绝不会妥协。

第6章 深思熟虑且合乎伦理的督导

太糟糕了。再来一次。

——亨利·A. 基辛格（Henry A. Kissinger）①

研究生毕业后的第一份工作

对于所有完成硕士课程的认证行为分析师来说，他们读研期间的每一段经历都是独一无二的。一些督导很关注他们的研究生，会与其建立私人关系，促进其职业发展（LeBlanc, Sellers, & Ala' I, 2020, pp.3-65）。一些督导的人际交往能力欠佳，不会定期观察手下的研究生，也不会提供有效的反馈。还有一些督导给研究生提供的是虚假的督导，这种督导的主要表现包括，在走廊相遇时或电话里问候一句"你好吗"，或者说"把你的表格放下吧，我帮你签字"。遗憾的是，在硕士课程期间接受督导的经历，往往会影响新手认证行为分析师在未来实践中的表现。鉴于此，本章将介绍我们所认为的认证行为分析师的最低实践标准，无论认证行为分析师接受过怎样的个人培训，所有的新手认证行为分析师都应该达到这些标准。我们假定此时你已经达到了行为分析师认证委员会的《督导培训课程大纲》（2.0）[Supervisor Training Curriculum Outline (2.0), 2018b, BACB Handbook, 2022] 规定的经验标准。

我们相信，自下而上（而非自上而下）地构思督导工作是很重要的，也就是说，首先要思考一个问题，即督导工作的主要目的是什么？只用一个词回答的话，就是保证"质量"。督导最重要的目的，就是确保服务对象接受的行为干预计划是由认证行为分析师督导精心构想的，并由注册行为技术员或实习生实施的。只有近距离、面对面、持续不断地监督和塑造注册行为技术员或实习生的表现，达到最高的标准和预期的效果，督导才算是高质量的。

---

① 编注：美国前国务卿。

根据《注册行为技术员任务清单》（BACB, 2018a, 第 2 版），注册行为技术员需要完成以下六类任务（BACB, 2018a, 第 2 版，p. 1）：①测量；②评估；③习得技能；④（问题）行为减少；⑤记录与报告；⑥职业行为与执业范围。也就是说，在培训方面，注册行为技术员要收集每节课的数据，并以图表形式进行录入。在督导过程中，注册行为技术员必须以可靠、诚信的方式完成这六类任务，从而使服务对象充分受益于他们有权利获得的行为服务。资助方要求真诚、负责任地提供治疗服务，确保他们所花的钱都落到实处。

由此看来，要完成基础的督导任务，是不允许对（行为干预计划的）执行方式做太多变动的。督导必须为服务对象带来可衡量的最高质量的结果，为资助方带来特定的价值。注册行为技术员在实施"习得"或"减少"计划时，必须与认证行为分析师的督导保持高度的观察者间一致性（inter-observer agreement, IOA）。而且，他们必须在每一次治疗中都准确地测量服务对象对行为改变干预的反应——这项工作可以被认为是永不停歇的。测量对于行为分析来说至关重要，因为数据会向上反馈给认证行为分析师及其所在组织，被当作衡量计划的适当性以及注册行为技术员和督导工作有效性的标准。如果数据不准确，就可能会导致人们对干预措施做出不必要的改变，或产生更深层次的影响。例如，如果行为计划在数据上"没有效果"，人们可能会给服务对象开处方，对他们使用限制措施，或者让他们出院。

督导基础

督导由四项必要的任务组成：①观察注册行为技术员的干预操作并获得数据，以确定他们是否遵守了培训协议；②观察注册行为技术员的干预操作并获得数据，以确定他们是否正确实施了行为干预计划；③确认督导的测量是否与督导对象或实习生的相一致；④提供必要的反馈和培训。如图 6.1 所示。还有一点需要注意，我们不建议效你仿本章开头处基辛格博士的方式给出反馈。

如何有效实施行为干预计划

注册行为技术员
（1）启动交办的项目。
（2）实施行为减少计划。
（3）测量服务对象的行为。

督导
（1）注册行为技术员是否遵守了培训协议？
（2）注册行为技术员是否正确实施了行为干预计划？
（3）对服务对象行为的测量，是否与督导对服务对象行为的测量一致？
（4）督导提供必要的反馈和培训。

图6.1 该图展示了注册行为技术员的任务，督导如何确定行为干预计划是否得到正确的实施，以及注册行为技术员的测量是否与督导的测量一致。

如果在第三步中，督导与其他人的测量出现了不一致的情况，则需要对督导对象或实习生给予再培训和反馈，如图 6.2 和 6.3 所示。这一过程可以并且应该用来评估督导的有效性（Garza, McGee, Schenk, & Wiskirchen, 2018）。

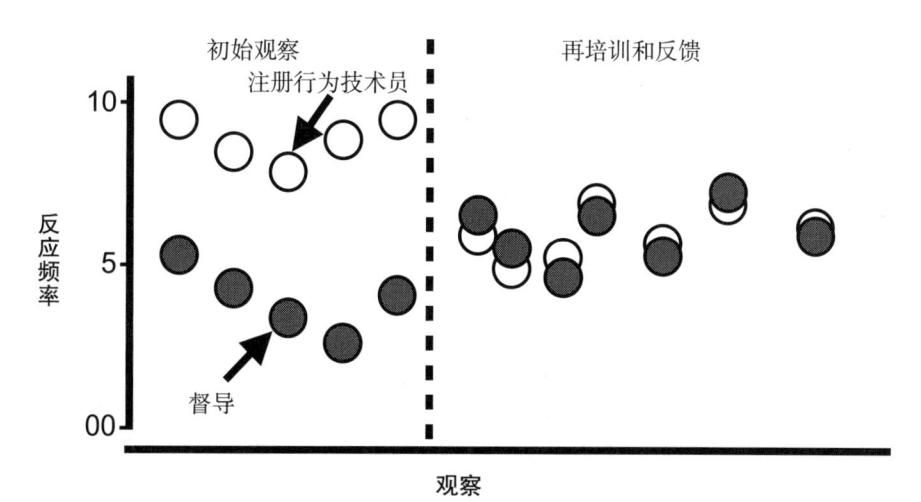

图6.2 该图显示，在初始观察中，注册行为技术员对服务对象行为的测量记录与督导的记录有很大差异。经过再培训和反馈之后，两人对服务对象行为的测量记录变得高度一致，观察者间一致性达到了可接受的水平。

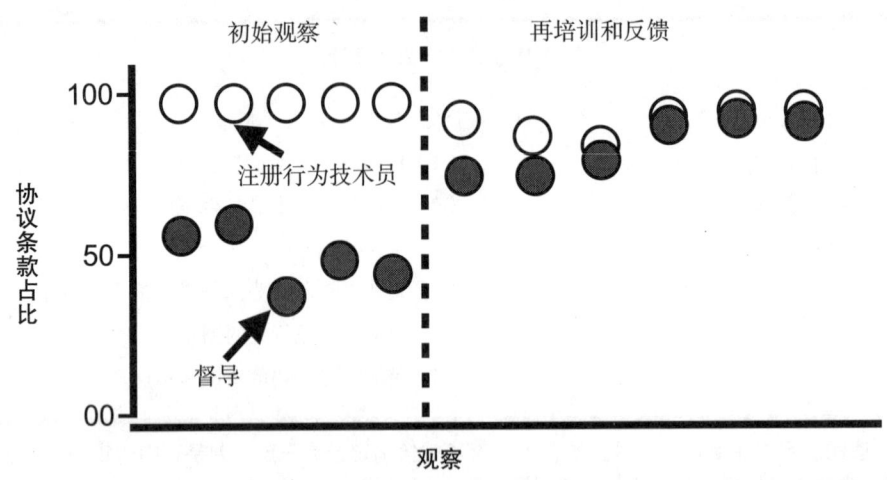

图6.3 该图显示，注册行为技术员对其治疗完整性的自我评估几乎达到了100%，但督导认为，注册行为技术员大大高估了他们在遵循行为计划方面的成功率。经过再培训和反馈后，注册行为技术员的治疗完整性得到了改善，几乎与督导的评估相吻合。

进阶督导

正如勒布朗（LeBlanc, 2020）等人所详细描述的那样，一旦注册行为技术员和督导对象达到了标准，并通过准确地完成行为测量和绘制行为图表，证明他们能够保证计划的执行，就可以开始扩展他们的技能范围了。此时的督导工作将涉及大量的行为塑造（参见第12章）。督导需要掌握更多的专业技能并遵守伦理规范，还要理解更先进的行为概念（LeBlanc et al., 2020, pp.4-13）。他们还需要学习如何像行为分析师一样思考问题（Bailey & Burch, 2022）。行为分析师的思维方式包括将行为问题及其解决方案概念化和情境化，学习人际交往、解决问题和排除故障的技能，以及懂得在需要时向何处寻求帮助。行为分析师认证委员会已经详细说明了培训一名督导的必要步骤（BACB, 2018b）。这些步骤包括"向督导对象或实习生说明督导的目的"，描述"无效督导"的后果，"为建立督导关系做准备"，"制订针对督导工作内容和能力的评估计划"，和注册行为技术员、实习生或督导对象"建立良好关系"。除此之外，督导还需要知道如何在培训中运用行为技能训练，如何评估培训的效果［包括对实习生的直接观察和对干预措施实施的忠实度（fidelity）的评估，如前文在督导基础中所述］，如何评定自己的专业水平，以及如何讨论伦理问题。这些是新手督导需要习得的一般技能。如果把各个分项纳入督导的培训课程，那么课程中包含的项目将多达200余个。为了便于新手督导和实习生使用,这些技能已被分解成若干个小步骤,以综合检查表的形式呈现(Jurgens, Cordova, & Cruz, 2021)。

遵守伦理的督导和新手认证行为分析师

简单回顾一下 BACB 的伦理条例就能发现,其中的内容可以为所提议的"合乎伦理的督导工作"提供依据,这一概念应该符合伦理条例中的条款 4.01 至条款 4.12 的规定(《行为分析师专业伦理执行条例》,2020b, pp.15-16)。具体来说,条款 4.06 "提供督导和培训"、条款 4.08 "工作表现监督和反馈"、条款 4.10 "评估督导和培训效果"中,包含了前文所述的合乎伦理的督导的最低要求。作为一名新手认证行为分析师,在你首次对新团队开展督导时,应该重点关注这些重要任务。如果你接手了督导一支注册行为技术员团队的工作,你可能要直接地观察他们如何执行当前的行为改变计划,以确定他们是否严格按照计划进行干预,是否准确记录服务对象的行为数据。接着再对他们进行必要的培训,以达到你的标准。

年轻的专业人员(从业 3 ~ 5 年)

你在新岗位上站稳脚跟后,肯定会发现日程安排上是有些问题的、岗位职责上是有些矛盾的,公司内部还会有突发事件,这些都可能会对你成为一名高效的、遵守伦理的督导产生影响。你所面临的挑战就是如何经受住和规避这些考验。如果你把重点放在有效执行你制订的行为改变干预计划上,那么服务对象应该会稳步前进,你的注册行为技术员和实习生也会取得专业上的发展。按照大多数计划,每个月都会进行一次个案管理回顾(Case Management Reviews),你可以在会议中讨论一些服务对象的案例,展示有效的干预措施,回顾干预过程中出现的问题。这是一个可以分享的机会,能够展示你那些取得了良好效果的督导方法,同时也能够传播关于开展合乎伦理的督导工作的知识。

职业生涯中期(从业 6 ~ 10 年)

当你在机构工作超过 5 年,成为一名经验丰富的成功的督导时,你获得的声誉也许能使你晋升为顾问督导(BACB, 2021)或培训主管。在这个岗位上,你有能力指导新手认证行为分析师学习合乎伦理的督导模式。此外，你可能为注册行为技术员开发了针对服务对象行为改变的数据收集系统，以便向资助方准确地反映服务对象的干预进展情况。

资深行为分析师

在积累了整整十年的工作经验后，你很可能会担任管理职位，对首席执行官（CEO）或首席运营官（COO）以及董事会的工作产生一定的影响——他们的工作包括做出政策决定，为项目扩展分配资金。如果是这样，你就可以利用自己多年培训新手认证行为分析师主管的经验，制定培训策略，突出强调基础知识，以及对于督导非常重要的其他领域的知识。

小结

本章介绍了非常重要的督导技能。要想在第一份工作中取得成效，督导是一项所有认证行为分析师都必须掌握的技能。实施有效督导所涉及的行为技能范围相当广，首先必须掌握那些基本的技能。由于注册行为技术员或实习生是提供服务的主要负责人，因此有义务确保他们以合乎伦理的方式流畅、称职、有效地完成服务任务。要达到这样的标准，就得做好直接观察，同时收集注册行为技术员执行干预计划时产生的数据。一旦收集到数据，就可以在培训中纠正他们的不足之处，以保证服务对象获得我们向资助方承诺的服务。只有当你的注册行为技术员或实习生能够遵守协议并准确报告他们的培训结果时，才是进入更高阶督导的时候。一旦认证行为分析师在组织机构中得到晋升，合乎伦理的督导实践就会变得更加普遍。

第 7 章　应用行为分析中的领导力

最重要的一项领导职能，就是为团体的行为创设焦点。

——奥布里·丹尼尔斯（Aubrey Daniels）[①]

研究生毕业后的第一份工作

用行为学术语来说，领导力是指某个人能够鼓励下属从事有效的工作或取得其他成果（如体育赛事或政治上的胜利）的行为。正如丹尼尔斯（2005, p.13）所说："最重要的一项领导职能，就是为团体的行为创设焦点。"站在我们学科的角度，要成为一名领导者，就需要与其他人一起工作。而且这些人都是接受过培训、指导的，有自己的动因，即便是做他们自己并不喜欢的工作，也会保质保量地完成。行为方法最重要的贡献就是为他们提供从事这项工作的动因。想要让领导力发挥作用，还有一件事情是必需的，那就是领导者必须对其他人行为背后的需求有一定的了解。这意味着领导者对希望他人的参与（参与工作的行为）及预期的结果有一个愿景或想法。愿景很难量化，甚至很难用行为来定义，但创建一份与领导者的愿景相关的、可衡量的行为清单是完全有可能的。

由于大多数硕士课程都在强调行为分析的方法论和行为科学方面的内容，因此准认证行为分析师们在攻读应用行为分析硕士课程时，通常没有太多机会学习领导技能。然而，刚毕业的认证行为分析师往往在他们的第一份工作中就需要承担一些领导责任。领导技能的学习主要在在职培训中进行，而且肯定会出现"不成功便成仁"的情况。市面上有大量关于领导力的书籍。绝大多数书籍都是基于作者的个人经历、个人对于领导力这一术语的定义，以及他们对领导力如何发挥作用的个人想法撰写的。由于领导力不是一个操作式行为术语，关于领导力的应用行为分析研究也并不存

[①] 编注：美国管理学家，于 20 世纪 70 年代提出"绩效管理"的概念。

在，因此我们通常使用与应用行为分析相关领域的概念来推定。其中，与应用行为分析最接近的可能是绩效管理（Performance Management, PM）。绩效管理是将行为的基本原理应用在企业和工业中，已经有50多年的历史。绩效管理方面的文献在很大程度上是由一些基本的正强化依联驱动而撰写的。其中包括训练、作为辅助的前提刺激、社会性的和实物的反馈，以及在更广泛的工作环境中产生的各种后果（Daniels & Bailey, 2014）。从根本上来说，领导就是辅助、训练和强化他人行为的过程，使他人能够完成可衡量的任务。

从行为上定义领导力

有关领导力这一主题的大多数文献都告诉我们，优秀的领导者睿智而热情，拥有人格魅力，并以身作则。文献还告诉我们，优秀的领导者不怕冒险，他们知道如何克服困难。拥有稳定的情绪是优秀领导者身上另一个常见的特质。在工作中遇到困难和挫折时，优秀的领导者会保持冷静。他们能得到团队成员的信任，为人正直，会放权给周围的人。优秀的领导者具有远见卓识，能看到"全局"，预想未来，知道如何指导一个部门、整个公司或整个体育联盟。虽然优秀领导者的这些普遍特质听着就让人喜欢，但希望培养领导技能的行为分析师督导都知道，要想取得成效，就必须将这些普遍特质转化为可观察到的行为。做行为分析的工作时，你可以做出一些特定的行为，帮助你培养领导技能，直到最终走向领导岗位。

在毕业后的第一份工作中，认证行为分析师需要带领督导对象和实习生完成一系列任务，以满足行为分析师认证委员会规定的实习要求。现在，这些任务有了操作性定义，可以提升这一过程的可行性（Jurgens, Cordova, & Cruz, 2021）。仍有任务需要认证行为分析师辅助，为实习生作示范，提供反馈，同时进行一些动因操作（motivating operation, MO），以强化技能的掌握和日常运用。在这方面，领导和行为塑造很相似，它们都是一个行为过程。如果一个人想成为领导者，有一个好的办法是尝试说服他人参与一项可衡量的任务，先从说服一个人开始，如果成功了，再扩大到两个人、三个人，以此类推。领导力并非是一个庄严而神秘的概念，跟其他概念一样，只要对它进行分析和操作，我们就能理解并很好地利用它。

领导行为：如何开始

为了让自己做好准备成为领导者，你应该观察现任领导者的行为，确定自己的价值观与他们是否一致。如果价值观一致，那么你就需要探索各种方法，证明自己确实已经具备成为领导者的能力。那些已经被行政部门选拔为领导者的人，比如被教学总监提拔为督导的认证行为分析师，显然是得到了现任领导层的信任。如果行政部门选择了你，那就意味着他们已经充分了解了你的领导能力，相信你会支持组织，理解组织的使命，和组织有相同的价值观。

督导即领导

对于在职业生涯上刚起步的行为分析师来说，有一种领导力是针对小范围的，即培训和督导即将上岗的注册行为技术员（他们也正在积累督导时数）。虽然需要运用的领导力要素是全部的，但毕竟管理规模相对较小，管理起来是容易的，因为你对这些督导对象的指导是一对一的。你会期望督导对象迅速掌握新的行为技能，并展示出来，也许更重要的是，你要为他们提供这样做的动因。如前文所述，激励他人学习新技能并积极参与那些不会产生直接强化物的任务，是领导力的一部分，但关于领导力的文献往往会忽略这一点。在小的管理规模里掌握领导/行为塑造技能，会使督导的过程成为行为分析师职业生涯初期的绝佳学习机会。如果你发现自己喜欢这种体验，认为培养新一代行为分析师是一件有意义的事情，那么你就开始步入正轨了。

年轻的专业人员（从业 3~5 年）

向领导力逐步接近（successive approximation）

主动参与一个需要在短时间内完成的项目，是一个检验自己能力并积累经验的好方法。作为项目负责人，你需要指导、协调项目成员，保证任务顺利推进、按时完成。在这种活动中，你的行为会向现在的领导表明，你希望在组织中更上一层楼。短期的领导经验还能让你学会如何快速评估同事和其他志愿者，以及如何更好地利用他们的技能。这些都是领导者的优秀品质。

对于成功的领导者，另一个至关重要的特质是正直，即在面对来自各方的压力时能够坚定不移地奉行同一套价值观。约翰·伍德（John Wooden）执教加州大学洛杉矶分校篮球队的 12 年间，其篮球队曾 10 次获得全国大学生体育协会全国冠军，这是无与伦比的殊荣。当被问及成功之道时，他讲述了父亲教给他们兄弟几个的两套规矩："永远不撒谎，永远不欺骗，永远不偷窃""不发牢骚，不抱怨，不找借口"（Wooden & Jamison, 2005, p.17）。这两套规矩在约翰·伍德 40 年的大学篮球教练生涯中一直指引着他前行。

看得见的领导力：参与和主持会议

对于行为分析顾问来说，参加各个组织举办的各种会议，可以频繁地展示领导能力。作为一名新员工，你可能会被要求参加这些会议。在这些会议上，你可以观察组织是如何运作的，领导力又是如何在其中发挥作用的。刚开始时你不会被安排太多事情，所以这时候适合多观察和做笔记。会议可以为你提供一个机会，练习职场礼仪（见第 1 章），展现坚定果断的风格（见第 8 章），展示新学到的领导技能。

关于你在会议中的行为，这里有一条小建议，就是提前了解时间安排。建议你每次都比预定时间早一点到场，对于新员工来说，早到十分钟就差不多了。按照这一标准，你可能是第一个进房间的人，而且可以自由选择座位。最好选择一个能与会议主席有眼神交流的座位，但也不要坐得太近，以免显得你在"拍马屁"。当有其他人进入会场时，你可以跟他们打招呼，借此练习你的社交技巧。如果你不知道他们是谁，就先做自我介绍。他们会很感激你的这一举动，这也能让其他新来的人感到轻松。例如，你可以说"我是新来的行为分析师吉尔·哈珀，我跟着简工作，负责她刚启动的 ESE 项目①"。此时你可以分发自己的名片，如果对方也有名片，你可以和他们交换。若对方没有名片，一定要记下他们的信息（如姓名、工作单位、职位、工作内容、电话号码或电子邮箱地址等）。

在会议主席到达并就座后，观察她如何主持会议。寻找其中良好的领导技巧：大家是否立即停止闲聊，开始谈正事了？她是否需要"嘘"一声让大家安静下来？是否有会议议程？如果有的话，应该已经提前一天通过即时通信软件或电子邮箱通知大家了。注意会议主席是否规定了会议的时限，规定时限是会议顺利举办的一个好兆头。很多公司都希望把会议内容记录下来，好的会议主席会指派专人做会议记录。

---

① 译注：此处原文只有 ESE 简写，该简写对应的全称可能是超常学生教育（exceptional student education）。

与会的人很难管理。他们的发言要么偏离主题，要么时间太长，要么提出的意见或建议含糊不清，要么压根不表态，有时甚至会发生争吵。管理这一切的责任就落在会议主席的身上。作为一名新员工，你可以注意一下有哪些人存在哪些问题。优秀的领导者会对会议的流程有明确的提醒："今天我们有五个议题要讨论，我希望能在一个小时内结束会议，所以请大家保持专注，帮助我一起推进议程。第一个议题是……"一些发展迅速的大公司，如谷歌，会在屏幕上显示一个巨大的时钟图像，按照规定时间倒计时，以此让每个人都集中精力。

职业生涯中期（从业 6～10 年）

作为一名进入职业生涯中期的行为分析师，正如你所预料的，你对领导力的期望会扩大到更大的范围。在这个时间节点，你已经领导过好几个包含注册行为技术员和督导对象的团队，处理过数十个案例，你也已经解决过与服务对象打交道时会遇到的绝大多数问题。在职业生涯中期，你可能已经准备好晋升到区域总监或教学总监等职位。作为一名区域总监，你可能会承担发展壮大组织的责任，将提供优质行为服务的目标拓展得更加宏伟。作为一名教学总监，你将带领新手行为分析师朝着可能的新方向努力。例如，你可能需要为不同类型的服务对象提供服务，或精简管理流程以提高效率。在这个职位上，你负责提升行为专业部门的水平，监控预算，审查行为服务，确保服务对象的需求得到满足。这一层级的领导职责包括招募新的认证行为分析师，与当地的研究生项目建立合作关系。

资深行为分析师

尽管也有例外，但绝大多数资深行为分析师还是会在从业十年后担任领导职务。根据组织的规模，资深行为分析师担任的领导职务可能是首席执行官、副总裁（vice president, VP）或公司董事会（Board of Directors, BOD）成员。这一级别的大部分工作涉及人事决策、财务战略和监管政策（规则制定）。资深行为分析师在企业 C 字头级别遇到的新问题包括：对网络威胁的担忧、企业利益带来的日益加剧的竞争，以及为价值/绩效支付的费用。[①] 这里所需的领导技能，包括决策力、获得利益相关方支

---

① 原注：www.aafp.org/about/policies/all/value-based-payment.html

持的能力、适应快速变化的业务环境的能力以及持续交付成果的能力[①]。所有这些技能都需要有相当好的商业头脑。但归根结底，这些全部都是人类的行为。这就是你在职业生涯中一直在做的事情，只不过现在你要做的事情规模更大，回报更高，风险也更大。

小结

本章对领导力进行了行为分析，并介绍了在职业生涯的各个阶段，领导者需要经历的许多活动。最简单形式的领导力，就是一个人与其他人一起工作，这些人都是经过培训、指导和有动因的——即使他们不喜欢自己的工作，也可以保质保量地完成任务。这是一个简单明了的概念，但它的作用是让我们能够对文化中那些经常被过分夸大的东西进行分析。在成为领导者之前，我们建议你先去观察那些已经取得成功的领导者，了解他们是如何管理员工的。在观察过程中，分析他们的工作效果。在你的第一份工作中，首先要做的一项领导工作就是督导注册行为技术员和实习生。作为一名年轻的专业人员，你可以主动与几名员工一起执行公司的小型项目，以便站稳脚跟。然后尝试与几个人一起组织会议，最终领导一个更大的团队。

---

① 原注：https://hbr.org/2017/05/what-sets-successful-ceos-apart

第 8 章　坚定果断

> 如果餐桌上没有你的位置，那你很有可能是在菜单上。
>
> ——伊丽莎白·沃伦（Elizabeth Warren）①

一上班我就被教学总监叫到她的办公室。"我这里有两个新的个案给你，安吉拉，"她怒气冲冲地说，"我知道你会挺身而出的……"这时，主管的电话响了，她挥挥手示意我出去。这意味着，现在我手上一共要负责 17 个个案，同时还要督导 2 名认证助理行为分析师和 8 名注册行为技术员。在这样的工作负荷下，我开始崩溃，但又不知道该如何对主管说"不"。我悄悄地溜出她的办公室，回到了自己的办公隔间。

遗憾的是，在我们的领域里，这种情况太过常见——工作太多，而挑起重担的人又太少。出现这种情况的主要原因是存在系统问题（详见第 24 章），但只要了解坚定果断在行为分析师与主管的日常互动中的作用，就能减少这种情况对任劳任怨的行为分析师的影响。

研究生毕业后的第一份工作

在大多数应用行为分析研究生课程中都不会教授有关坚定果断的内容，甚至不会谈论这个话题。我们推测这可能是因为它并不符合教师的最大利益，他们希望学生把布置的家庭作业、论文和演讲视为有效的学习经历，并且在不向教师提出问题的情况下完成。学生和教授之间的权力动态②，压制了学生所有想要抵抗教授所分配的学业和实习任务的念头。最终的结果是，当毕业生脱下学位服，迈出职业生涯的第一步

---

① 编注：美国参议员。
② 译注：power dynamic，人际交往中存在的权力分配、权威和控制的关系。

时，他们往往没有做好必要的准备，无法在第一份工作中取得成功。

当权利受到侵犯或没有受到尊重时，基本上你有三种应对方式：消极被动、主动攻击或坚定果断（Verderber, Macgeorge, Verderber, & Pruim, 2016, p.297）。有些人会回避冲突、不愿冒犯对方或害怕冒犯对方后导致的结果，自然就选择了被动的方式（Smith, 2018, p.4），和上文中安吉拉的做法一样。虽然这样可能会减少直接的负面效应，但从长期来看显然是有害的，很可能导致做出被动攻击行为（passive-aggressive behavior）、失眠、药物滥用、高血压或疲劳，最终辞职，这也就是我们所说的职业倦怠综合征（burnout syndrome）[梅奥诊所（Mayo Clinic），2021]。

还有些人在受到冷落、遭到反对或备受争议时，会一反常态，做出攻击性反应。这种反应可能会得到间歇性的强化，但几乎在所有的工作环境中，攻击性反应带来的长期影响都将使这些人落得难相处、问题多或缺乏团队精神的名声（Smith, 2018, pp.5-6）。

坚定果断 101[①]

对行为分析师来说，使用坚定果断的方法是很困难的，因为他们不像企业界人士那样有施展强硬手段的经验。坚定可能伴随风险。采取坚定果断的态度，需要深入了解与你打交道的人，而且只有在某些特定情况下，这种态度才是适当的。知道如何以及何时表现出坚定果断，是优秀行为分析师的一项关键技能。坚定的沟通应该直接、尊重他人、使用描述性语言、辅以适当肢体语言，并能够维持关系（Verderber et al., 2016, p. 300）。

面试第一份工作

应聘第一个全职行为分析师岗位时的面试，很可能就是你首次运用坚定果断技能的机会。在缩小工作选择范围后[Bailey & Burch, 2022；参见《行为分析师执业伦理与规范（第 4 版）》第 14 章：选择合乎伦理的工作环境]，你可能会与招聘负责人进行面谈。如果这一步进展顺利，你可能会与公司的行政人员再进行一次面谈，最后可能会与担任教学总监的行为分析师面谈（这一顺序会因公司规模而异）。假设进行到这一步时，你仍然对这份工作感兴趣，则可以通过提问和肢体语言来表达你的兴趣，

[①] 译注：101，美国教育体系中用于标记基础入门级知识。

例如，面向面试官，与其保持良好的眼神交流，高度集中注意力，仔细聆听，"保持面部表情温和"（Smith, 2018, pp.51-52）。在提问环节，你应该关注的主要问题是你的工作条件（个案数量、督导对象、每周所需的计费工时、你将向谁报告工作、他们对待 BACB 伦理条例的态度、他们对待服务对象的权利和福祉的态度，以及作为认证行为分析师应该承担的所有额外职责）。尽量避免成为 1099① 独立顾问，因为那样你就不算是公司的雇员，不能享受公司提供的医疗保险等任何福利。你还必须按照季度计算和缴纳自己的税款，还有个体经营税。

最初的 90 天

在从事新工作的最初 90 天里，通常有一个不成文的宽限期，在这段宽限期里，你可以问一些在日后看来很愚蠢的问题，但问出这些问题对于初入职场的新手来说本就无伤大雅。因此，你在新工作中第一个坚定果断的行为就是多问问题，了解组织如何运作，以及组织对你抱有怎样的期望。如果有人要求你做一些你不确定的事情，首先你要态度坚定地说"我不明白"，然后重新组织措辞，看看是否能找到更准确的描述方式。就别人对你提出的要求进行提问时，你的语调要非常平稳，不要听起来像在发牢骚，或像在试图逃避什么——你只是想更清楚地了解对方的期望。你可以询问有关组织架构的问题，以便了解组织内部的权力结构。

大胆说"不"

学会说"不"，对任何一位行为分析师来说，都是在表明他的坚定果断。从我们对来自全国各地的行为分析师进行的采访中可以看出，开口说"不"是最难培养的技能之一，尤其对于年轻的新手行为分析师来说，他们渴望讨好新上司的心情是可以理解的。

一位新手行为分析师在与我们的交谈中，讲述了他在针对一名头部创伤服务对象进行的治疗项目中遇到的挫折。他本以为该项目是完全以行为为导向的。然而，很快他就发现，工作人员希望他在"提前预制"的项目上签字，而这些项目都来自以前的服务对象的项目数据库。行为分析师想为这名服务对象进行个性化功能评估，但被告知"我们已经知道了行为的原因。你只需要填上他的名字，然后在底下签个

---

① 译注：签署 1099 合同的员工属于独立工（independent contractor）。

名就可以了"。在这位行为分析师坚定地说出"不"之后,管理部门无故在试用期内解雇了他。大约又过了6个月,该机构因为存在计费和数据造假问题,在接受调查后被关闭。

请给出合理解释

有的时候,在说"不"时你需要附上解释。例如,当有人邀请你参加和工作有关的社交活动时,你可以礼貌地拒绝这份邀请。说"不"的同时可做如下解释:"非常感谢您的邀请,但那个周末我不在城里"或"非常感谢您邀请我,但我的孩子们还小,周末我得待在家里陪他们"。

如果有人要求你做一件你根本没时间完成的事,那么让对方知道你很忙,是完全可以接受的:"我很愿意为您的员工提供培训,但是在接下来的几个月里,我需要全身心投入到三个重要的项目中。"

如果你在工作中表现出色,人们就会认为你什么任务都能完成。然后,你可能会发现自己被要求参与一些超出能力范围的项目。这些项目所涉及的服务,是你之前未受过相关训练的,那么,有一种拒绝的方法是说:"谢谢您,约翰,我非常感谢您的支持,但我不认为我是领导这个项目的最佳人选。我确实没有任何与成年犯人打交道的经验。"

作为治疗小组的成员,你会发现,很多时候你不得不对着一屋子的专业人员说"不":"恕我直言,珍妮丝,虽然你建议把感觉刺激作为治疗的重点,但我不认为这是我们想要的治疗方案。没有任何数据表明这种方法可以用来减少适应不良行为。我们首先应该进行功能分析,这才是合乎逻辑的。"在这里,你将通过说"不"来倡导使用合理的行为程序,这些行为程序是基于科学的。

直接提出自己的需求

坚定果断的另一个主要表现是直接提出自己的需求。如果你不表达出来,很可能就得不到你需要或想要的东西,因为决策者无法读懂你内心的想法,也不知道对你来说什么是重要的。偶尔请一天假或提出参加州/国家行为分析学会的年会等请求,可能会得到批准,特别是如果你的创新想法正受到高度的评价,并且你提前很长时间就提出了请求。

我做得怎么样？

还有一种形式的坚定果断是经常向领导寻求对自己的工作表现的反馈。虽然这个行为看起来像在试图获取强化物或自找麻烦，但定期得到反馈可以帮助你提升自己的绩效表现。通常公司会规定你每年接受一次绩效考核。作为行为学家，我们知道，如果在年末才收到对前 11 个月的表现的反馈，就太迟了，这样不会产生任何效果。在不惹人讨厌的前提下，每个季度至少要求提供一次反馈是一种坚定果断的表现，从长远来看，这样做必然会有收获。如果督导不愿意花时间写书面反馈，你可以自行总结你们的会议内容，并通过电子邮件发送给督导，这样就有了这次反馈的书面记录。通过这种经常性的反馈，你能够向督导表明成为一名优秀员工的强烈意愿。这也会使你能够在偶尔对某项要求说"不"时，处于有利地位。

坚定果断地代表服务对象的利益

最常表现出坚定果断的场合之一，就是你在集体决策中作为行为分析师提出建议。在团队会议上，经常会有小组成员要求你采取一些你认为没有必要的行动。仔细听的话，你可能会发现，由于这个人的态度非常强硬，而且是以一种坚定、情绪化的方式表达观点的，因此其他人都倾向于同意她的建议。很多情况下，人们之所以接受一项糟糕的计划，是因为这是最轻松的做法。此外，在场的人可能还会有这些考虑："我为什么要自找麻烦，拉慢会议的节奏呢？""如果我们抓紧时间做决定，就能早点去吃午饭"，或者"我可不想惹这位女士生气，我还要在好几所学校里与她一起共事呢"。作为一名遵守伦理的行为分析师，在你决定对某个问题采取果断态度之前，请先确保你是正确的，你向小组提出的建议会切实改善服务对象的福祉。记住，想要保证工作效率，就不能事事坚持己见，把坚定果断的原则用在少数几个问题上——你愿意推动解决的那几个问题。

年轻的专业人员（从业 3 ~ 5 年）

培训督导对象

一旦你适应了第一份工作，并以团队合作精神和服务对象倡导者的形象在公司里有了一定的名气，你就可以将表现自己坚定果断的技巧用于解决更大的问题。在与督导对象共事的过程中，你可以帮助他们在面对服务对象时变得更坚定果断，因为这些服务对象要么过于友好，要么截然相反。对过于友好的服务对象，你需要向督导对象示范如何说"不，对不起。我不能在周末帮您照看孩子"，或者"非常感谢您的好意，但我不能和您一起去迪士尼乐园。不过，我会帮您筹备这件大事，让我和督导商量一下怎么做……"

不为人所知的是，许多行为技术人员和注册行为技术员经常受到服务对象家属的侮辱、威胁和虐待。这些团队成员虽然资历尚浅，但对我们的工作非常重要，他们根本不应该受到这样的对待。成员应对这种情况的第一道防线是坚持自己的立场，然后立即向你——他们的督导报告。你应该在问题出现的第一时间，为督导对象示范适当的应对方法，维护他们的尊严，让他们知道自己是受到重视的。

会议中坚定果断的表现

当你准备好在会议上坚持自己的立场时，你必须同时做到这几件事。首先，坐姿端正，镇定地将双手叠放在面前的桌子上。轮到你发言时，要逻辑清晰、条理分明、简明扼要。这样做时，人们很可能会同意你的观点。但有时也会有其他专业人士反对你，甚至可能认为他们的方法才是唯一值得考虑的。这时候你就需要巧妙地运用表现自己坚定果断的技巧了。与这个强迫他人接受自己的思维方式的人保持良好且频繁的眼神交流。用你自己的语言来传达这样的信息："恕我直言，我不同意谭老师的建议。我担心这样做会对（服务对象姓名）不利。这种方法存在一些问题，例如……"

在你分析了对方建议的方法为什么会带来问题后，如果对方仍然固执己见，你可能需要更坚决一些："我不同意继续推进这个治疗方案。在我看来，你只是想采用最轻松的解决方案。但根据服务对象的情况，轻松的方案不一定就是正确的方案。我们得把进程放得慢一点，重新考虑一下我们的选择。"

说这些话时，你的目光要在在场的人身上来回切换。不要提高嗓门，不要声嘶力竭，不要眯眼、翻白眼、暴躁地咕哝或做鬼脸。无论如何，不要为你所说的话道歉。然后重新向与会者介绍你的解决策略——那个正确的解决方案。首先，运用对其他行为的差别强化（differential reinforcement of other behaviors, DRO），找出你同意的那部分决定。然后，强调服务对象将会如何从你的方案中受益，不要偏离这个主题去谈论其他的优势。

职业生涯中期（从业 6～10 年）

现在，你已经在公司站稳了脚跟，是众所周知的聪明的成功人士，会保护服务对象的权益，会解决问题，在对某件事情充满热情时还能保持坚决果断。在职业生涯的这个阶段，你可能会看到一个机会，这个机会也许是将公司带向一个新的方向，也许是为新的服务对象群体提供行为服务，也许是在州内一个快速发展的地区开设一家新诊所。董事会中的高层决策者在这些问题上的态度可能比较保守，这时候你必须再次使用你展现坚定果断的技巧。这些技巧本身并不新鲜，你只是将它们应用于更广的范围而已。例如，你可能需要向城市规划委员会、建筑师或建筑商表明自己的立场。到现在，你成功地坚持立场应该已经有些年头了，因此，你将在一个有着深厚资历的位置上开展工作。那些机会至关重要，所以请确保你已做了充分的研究和尽职的调查。

资深行为分析师

拥有了十年或十年以上的工作经验，你很有可能已经晋升为所在公司的高级副总裁、首席执行官或总裁。到了这一级别，直接与服务对象打交道的工作已经成为过去时，人们希望你能运用行为分析技能（包括坚定果断）来管理公司，向初级员工分派日常任务，推进公司的安排，并在制定政策时对董事会成员产生一定影响。你需要处理财务问题，并努力预测行为分析"行业"的未来。作为公司里德高望重的资深员工，毫无疑问，你会把大部分时间花在会议上。在会议上，你坚定果断的态度对公司的成功至关重要，因为你会努力引领公司走向光明的未来。

小结

本章介绍了如何在个人职业生涯的四个阶段运用展现坚定果断这一基本技能。刚毕业的研究生和刚走上工作岗位的行为分析师，必须学会避免在与人打交道时采取被动或攻击性的姿态。最成功的姿态就是坚定果断。这包括平稳的语调和与之相适应的肢体语言，散发自信，吸引听众的注意。以坚定果断的态度保护服务对象的权利，推广有价值的主张或推进议程，从而赢得信任并使团队达成共识，使决策更加顺利。作为一名新手认证行为分析师，无疑会有很多请求和机会向你抛来，而学会对其中的一些说"不"，可以有效地将工作量控制在能力范围内。为了你的服务对象和督导对象而保持坚定果断，这至关重要。

第 9 章 文化敏感性

充满希望的地方是每个人的心之所向。

——玛雅·安吉罗（Maya Angelou）[①]

研究生毕业后的第一份工作

本版的新增章节是基于行为分析师认证委员会的《行为分析师专业伦理执行条例》（2020）写就的，该条例要求行为分析师"学习有关文化敏感性和文化多样性的知识和技能"[②]。这一信息以及对认证行为分析师"评估自己的偏见"和满足不同背景的服务对象的需求的额外要求，都清楚地表明，具有文化敏感性是成功的行为分析师不可或缺的一项能力。在参加应用行为分析硕士项目时的就读学校和接受督导的地方，你可能有过富有挑战性的经历，在这些丰富的经历中，你对自己的偏见有了新的认识。你可能还掌握了强大的技能，可以与来自不同文化的服务对象或与跟你的背景截然不同的服务对象打交道。也有可能你还没有类似的经历。如果你对于他人的文化和背景了解有限，那么就需要在第一份工作中好好地补课。所有的行为分析师都应该了解、理解并重视有着不同身份的人，尊重他们的"年龄、残障状况、性别表达／性别认同、移民来源、婚姻／感情状况、国籍、种族、宗教信仰、性取向、社会经济地位"。[③]

[①] 编注：美国杰出的非裔女性，诗人、作家、演员、社会活动家。
[②] 原注：引自行为分析师认证委员会《行为分析师专业伦理执行条例》（2022年，条款1.07）。
[③] 原注：引自行为分析师认证委员会《行为分析师专业伦理执行条例》（2022年，条款1.07）。

了解你的服务对象

学习如何和所有类型的服务对象打交道可能是一项艰巨的任务，但从实际角度来看，你只需要满足分配给你的那些服务对象的需求。你的服务对象只占上述范畴的一小部分，因此，你工作的首要任务就是了解服务对象的家庭，了解与你共事的来自不同文化背景的专业人员。根据我们对拥有强烈的好奇心（见第 25 章）这个品质的分析，我们相信，真正了解一个人的来历也会让你成为一个更优秀的人。与服务对象之外的人交谈，向他们学习，将帮助你更深入地了解与你不同的人和不同的文化。你会因此受益匪浅，生活也会变得更加丰富多彩。

如前所述，满足服务对象的需求并不是强制性要求你去了解服务对象所处文化的全部历史（如宗教的诞生时间）、每种传统的起源和意义，精通传统的家庭等级制度、饮食偏好、禁忌和宗教习俗。真正要做的是，了解所面对的这位服务对象及其家庭的日常习惯，了解对他们来说什么最重要。这会让任务变得更容易，但同时你也需要发挥一些额外的技能，我们在第 2 章"人际沟通"中已经介绍过这些技能。

在这些额外的技能中，最主要的是有效且积极的聆听技巧、了解关于这个人及其家庭的一切的渴望，以及适应他们偏好的能力（见第 2 章）。这可能需要双方的共同努力，因为对方或其家庭同时也在学习行为分析的知识——那些专业的术语除外——他们一定希望尽最大努力从行为分析团队这里获得最好的服务。

即便你已经对服务对象的文化背景进行了深入的研究，或者阅读过来自不同背景的个体的个案研究，也不应该将这些研究直接跟你面前的这位服务对象对照上。最保险的做法是，多花一倍或两倍的时间去了解这个家庭的习惯、日常饮食、兴趣爱好、工作地点、工作内容，以及他们对行为服务的期待。

努尔·赛义德博士（Dr. Noor Syed）和她的学生们推荐了一些话题（2020），你可以通过讨论这些话题了解新的服务对象，从而制订符合他们的要求并能得到他们的支持的行为计划。下列的话题清单改编自他们的推荐。

- 家庭信息/偏好
  - 请介绍一下您的家庭。
  - 您家常见的家庭活动有哪些？
  - 您家每天或每周有哪些例行活动？
  - 您希望我通过哪种方式与您联系（面对面、电话、短信）？

- 您在家中主要使用哪种语言？
- 您希望我使用哪种语言教您的孩子？
- 您希望别人怎么称呼您？
- 关于您的家庭情况，您还有什么补充吗？

• 行为服务——在家里
  - 您对服务有哪些期待？
  - 无法接受日间治疗服务的特定时段有哪些？
  - 您会如何描述心目中理想的治疗师？
  - 您对治疗师有性别偏好吗？
  - 您倾向于使用哪个性别代词？

• 行为服务——在诊所里
  - 在治疗中，您是否有需要避开的材料或活动？
  - 哪些时间您可以接受治疗，哪些时间不可以？
  - 您的通勤方式是什么？
  - 您是否安排好了来我们诊所的时间？
  - 您需要灵活的调度时间吗？
  - 您是否需要一些专门设施（例如，无性别卫生间、哺乳室）？

讨论这些话题时，你要先做好答案记录，再提出后续问题，确保你理解他们的回答，明白这些回答对你的治疗计划和行为小组的影响。

收集完这些信息后，你需要仔细阅读《行为分析师专业实践和工作程序告知书》（*the Declaration of Professional Practices and Procedures for Behavior Analysts*）（更多细节参见第 13 章，Bailey & Burch, 2022）。现在行为分析师认证委员会将此类文件称为《服务协议》（条款 3.04），以确保家长/看护人/利益相关方充分了解行为分析的工作原理、局限性，以及他们对合作和实施服务的要求（如开展家长/看护人培训）。你应该在一开始就明确对他们的期望，这样，日后他们在对即将实施的行为改变计划作承诺时，就不会有什么误会。

学以致用

根据积累的所有信息，你下一步要做的就是针对服务对象或其家庭制订个性化行为计划。在这份即将实施的计划中，应该详细列出服务对象所有的限制因素和偏好，还应顾及服务对象对行为结果的期待，以及他们对计划的参与度。完成这项任务并非易事，因为你必须对服务对象的需求保持敏感，对行为原理及程序有全面深入的理解。根据干预过程中收集的数据和定期的督导反馈结果，你或许还需要对计划进行中期修正。

在第一份工作中，我们不仅要进行这些访谈，制订以服务对象为中心的计划，还要培训团队的其他人员也按照这样的规范行事。如果你所在的机构还没有这样的安排，你可以考虑组织员工和管理人员召开月度例会，让大家就文化敏感性的议题各自分享与不同群体打交道的经验。你还可以邀请嘉宾，针对某类群体或他们关注的特定问题做讲座。

年轻的专业人员（从业 3~5 年）

在文化敏感性方面，这个阶段的你已经是一位经验丰富的专业人员了。和来自不同文化背景的服务对象打交道，为其提供服务，已经是自然而然的事情。文化敏感性已经深深根植于你的职业土壤中，而你已经准备好去学习更多有关服务对象文化背景的知识。这就是所谓的文化谦逊（cultural humility, Hook, Davis, Owen, Worthington, & Utsey, 2013），具备文化谦逊会让你的工作更高效。定期和你的服务对象联络，确保他们对注册行为技术员及行为分析团队里其他成员的文化敏感性感到满意。多与社区来自内其他文化背景的人接触、交流，增进对社区内各种文化的了解。

职业生涯中期（从业 6~10 年）

鉴于已经与许多来自不同文化背景的人共事过，处于职业生涯中期的行为分析师均具备了强烈的文化敏感性。在积累了 6~10 年的工作经验后，你会对所在机构提供的服务产生更大的影响。身居领导者的位置，意味着你能够以之前无法实现的方式推动公司政策的完善。你可以要求公司所有的行为工作者都接受文化敏感性方面的专门培训（包括多样性、公正性、包容性培训，见第 13 章）。在推动组织多元化的进程中，在你工作的初期阶段偶尔邀请来的客座嘉宾可以成为在职培训计划中的长期嘉宾。在职培训可能还涉及招募年轻人成为注册行为技术员，或广泛地寻找来自不同背景的认证行为分析师。以前，你不得不聘请一些翻译人员与认证行为分析师一起工作，而现在，如果你的员工中有掌握不同语言的行为分析师，那么翻译人员可能就不再是团队中的必要成员了。

资深行为分析师

弱势人群可能不仅贫困、不识字，还可能患有慢性疾病。而你的一些服务对象可能就来自这样的群体。作为老板、教学总监或董事会主席，你可以发起倡议，让公司员工更多地参与社区工作，改善社区弱势人群的状况（Levy & Sidel, 2006）。作为组织中的领导者，你可以在所在社区以更丰富多样的方式推动人们增强文化敏感性。其中一种方式，就是在项目中纳入"复原力（resilience）"。如米勒（Miller）、克鲁兹（Cruz）和沙赫拉（Shahla）所述，这里的"复原力"是指"使家庭能够更有效地应对危机或持续压力的行为"（2019）。此外，还可参阅霍利（Hawley）和德哈恩（DeHaan）对家庭可采取的、可应对压力的行为描述（1996），包括应对压力、在压力环境中生存，以及根据不断变化的经济和环境条件调整自己的行为反应。

小结

本章介绍了在面对与行为分析师本人的文化背景或社会地位不同的服务对象时，文化敏感性是设计和提供行为服务的过程中不可或缺的部分。重要的是，要在服务之前尽可能多地了解服务对象的情况，并在实施行为计划之前，让服务对象参与到计划的制订中。要做到这一点，就需要充分运用你的人际沟通技巧，向服务对象或其家庭提出探索性问题，了解他们的偏好、对服务的期望以及可能需要考虑的受限之处。必要时，你要对行为计划做出调整，并在整个治疗过程中与服务对象或其家庭保持密切联系，确保他们对服务感到满意，这一点也很重要。

第 10 章　服务对象的倡导者

寻找自己的最佳途径，就是在服务他人时把自己暂且忘掉。

——莫罕达斯·甘地（Mahatma Gandhi）①

之前，传统上扮演认证行为分析师角色的是行为改变技术专家（Miltenberger, 2016），有着深厚的行为科学背景（Skinner, 1953）。这些技术专家用他们所掌握的行为分析相关知识，解决服务对象或所在公司直接抛出的问题。然而，随着1999年行为分析师认证委员会的成立，认证行为分析师的角色也从技术人员扩展为专业人员。这就要求认证行为分析师不仅要知道如何改变行为，还要遵循严格的执业伦理，对服务对象的福祉负责（Bailey & Burch, 2021）。因此，认证行为分析师的身上又增加了倡导者这一角色。倡导者会采取对他人有利的行为。在行为学的情境下，倡导意味着提出治疗建议，为服务对象争取权益。

研究生毕业后的第一份工作

作为一名新手认证行为分析师，你有机会训练你的行为分析师团队，使他们不仅成为优秀的行为技术人员，还成为服务对象的优秀代言人。你可以在定期的团队会议中，与其他行为分析师讨论服务对象的权利问题，还可以在定期的督导环节中对他们的执行情况进行审查。下面是应用行为分析伦理咨询热线（ABA Ethics Hotline）接到的一个问题：

> 我目前在为一名住在集体之家（group home）的服务对象提供服务。她总是每隔几个小时就要一杯水。每次都是把这杯水一口气喝完，而不是一小口一小口地喝。几周后，有一次我观察到集体之家的工作人员拒绝了她的喝水请求，原因

---

① 编注：印度民族解放运动的领导人。

是她"今天下午已经喝过水了"，要到吃下一顿饭时才能喝水。

当时，这名认证行为分析师正在督导解决服务对象其他的行为问题，刚好看到了这个情况。毫无疑问，服务对象有权要求喝水（医生建议每人每天喝六杯水），而喝水请求被拒不仅有损服务对象的身体健康，还可能引发其他行为问题。作为一名倡导者，你的任务就是密切关注此类情况的发生，并在发生时采取适当的应对措施。在与这名行为分析师联系时，伦理热线的专家建议她先与集体之家的经营者会面，共同探讨如何纠正目前这种不合理的情况。条款3.01中所提到的"最大利益"，阐明了这名行为分析师在解决家庭和集体之家利益相关方的其他问题时，遇到的这种额外的、细微的要求。毫无疑问，她的观察对服务对象福祉的贡献，将超越她在行为目标方面取得的所有成功。认证行为分析师的总目标，就是为服务对象的生活带来具有社会意义的重大改善。下面展示另一个例子：

> 我所在的公司为了增加付费小时数，强制性要求所有服务对象每周至少接受20个小时的行为服务，若达不到这个时长，服务将被终止。但从我的专业角度来看，一些服务对象每周只需要10或15个小时的治疗。我认为，随意延长服务时长只为了使投资者获得更多的收益，这种做法是不合乎伦理的。

在此案例中，这名认证行为分析师倡导的是条款3.12"提供实现预期目标所需的量、质恰当的行为服务和监督检查"，无论公司有着怎样不同的目标。在本书第一作者的伦理课程中，一名学生遇到的挑战与上个案例略有不同：

> 作为注册行为技术员，我被安排为一名5岁的服务对象做上门干预。到他家后，我立马被他家里的脏乱差和一股类似猫尿的难闻气味惊呆了。唯一可以实施干预的地方是客厅的沙发（在把比萨盒子、塑料水杯和烟头都拿开后）。我应该执行的行为计划是指导这名孩子学习提要求，但我立刻被他抓挠瘙痒的动作分散了注意力，而且我也开始觉得瘙痒并像他一样挠起来。我缩短了这一次的干预时间。回到车上时，我发现我的腿和脚踝被跳蚤咬了。我给我的督导打电话，告诉她，除非这名服务对象的家被打扫干净，适合开展治疗，否则我不会再去。

在这个案例中，认证行为分析师需要为这名孩子争取更好的居住环境，如果家长不能为孩子的居住环境做出必要的改善，那么可能还需要要求卫生部门强制介入。这里还有一个最近出现的同样困难的情况。

> 我刚发现，我们有一名很难相处的上门服务对象，晚上是被锁在空荡荡的卧室里的，她只能睡在地上的床垫上。除了两个填充物都已经露出来的动物毛绒玩具，她的卧室里没有其他任何玩具。

在这个案例中，如果行为分析师不能让孩子的父母为孩子提供更安全、更人道的夜间居住条件，那么他们可能就需要把倡导提升到更高的级别，即要求儿童保护机构（child protective services, CPS）强制介入。

年轻的专业人员（从业 3~5 年）

度过了作为行为分析师工作的头几年，你就能把自己打造成服务对象倡导者的榜样了。你将监督你的治疗小组，定期组织注册行为技术员、实习生、认证助理行为分析师参加培训，让他们了解需要在治疗过程中注意的事项。因为经验丰富，你可能会收到其他行为分析师转介给你的一些棘手案例，这正是自上而下审查案例的机会。你不仅要仔细检查行为计划的适当性和有效性，还要检查与服务对象的权利有关的问题。服务对象接受的行为服务是否"适量且适度"？是否在环境或医疗条件等方面有不利因素，影响行为治疗的效果？计划是否与当前的最佳办法相匹配？是否需要进行安置审查？如果服务对象在治疗中取得了进步，是否准备了渐褪程序和无缝衔接的出院计划？下面介绍一个医疗案例，案例中的服务对象受益于行为治疗师的倡导和大力支持。

> 我是一名驻校工作的认证行为分析师。我们有一名学生在几年前做了脑瘤切除手术，之后被诊断为创伤性脑损伤（traumatic brain injury, TBI）。他还有一定程度的视力损伤和运动缺陷。在近期学校组织的评估中，他的评估结果显示，他在所有领域都存在退步的情况——包括认知、行为等方面。最近一次手术后，他出现攻击行为的频率更高了，强度更大了。因此，现在这名学生被安置在高中的隔离教室（self-contained classroom）中。但因为他伤害了数名学校教职员工和学生，情况变得非常糟糕。无论是成年人还是同学，大家都对他避之不及。我建议将他转移到特定的安置场所，处理他的攻击行为，满足他的医疗需求，但这个建议遭到了学校管理者的拒绝。在这个阶段，我真的很担心有人会受到严重伤害，尤其是

如果他继续待在现在的班级里。鉴于他目前的身体状况、愈演愈烈的攻击行为、倒退的认知水平，我开始怀疑，即便是在最佳的环境条件下，应用行为分析是不是也无法有效减少他的攻击行为？会不会是他目前的身体状况导致应用行为分析干预无法对他产生效果？

职业生涯中期（从业 6~10 年）

在职业生涯的这个阶段，你有能力对所在机构、公司或协会的服务对象的倡导工作产生一定的影响力。你可能会运用积累的经验，在学校成立一个倡导者委员会，审查复杂案例，对应该采取的措施提出建议。通过对所有案例进行内部审查，确定最常遇到的侵犯服务对象权益的情况，可以很好地帮你开展后续工作。你可以考虑邀请虐待热线（Abuse Hotline）的工作人员举办一场讲座，介绍哪些情况是对服务对象的虐待和疏忽，以及在遇到有这些法律需求的服务对象时，大家该如何处理，从而使所有的工作人员都重视发挥倡导的作用。

资深行为分析师

作为管理团队中的资深成员，你可能有机会影响公司制定的为服务对象争取权益方面的政策。有些公司会指定一名主管级别的员工担任服务对象的倡导者，而有些大规模的公司则会聘请专人独立开展这项工作。这个职位的目标就是为那些在服务中受到轻视或被分配合理服务时数的服务对象发声。在前面的案例中，如果治疗师不将服务时间增加到每周 20 个小时以上，服务就会被终止。下面还有一个例子，体现了为服务对象争取权益的必要性。

> 我的两个儿子都在接受你们公司的应用行为分析服务。服务是从六个月前开始的，但最近发生的事情让我很不高兴。首先，治疗师的行为非常不专业。她没有准时出现，也没有按计划给我的孩子们提供完整的治疗。原本是一周五天的服务，有时候她只来两天，然后就再也不来了。后来我联系了她的督导，督导说会和我当面讨论这件事。三天后督导出现了，告诉我这个治疗师刚刚辞职了，而且还没找到接替她的治疗师。我的孩子们现在已经有两个月没有接受治疗了。对于这种情况，我是否该走法律途径？

这个案例表明，公司需要有一名资深员工做服务对象的倡导者，能够负责、介入并解决这类问题。显然，首先这位倡导者应该做好调查，开展一些必要的人事调整，还要组织消费者服务培训，制定新的政策，避免类似情况再次发生。

小结

本章展示了行为分析师作为服务对象倡导者的若干案例。这个角色与强制报告人（mandated reporter）的角色，都在行为分析师认证委员会的伦理条例中被提及。虽然行为分析师的主要工作是制订行为改变计划，但他们也要努力发现那些可能对项目产生影响的其他变量，如服务对象自身的身体和医疗状况，或是环境中的影响因素。为服务对象争取权益是倡导者的主要工作。行为分析师应该自始至终守护服务对象，使其权利免受侵犯。守护的内容包括确保服务对象接受的服务适量适度、依照计划执行，确保服务切实提升服务对象的生活质量，最大限度发挥其潜能。认证行为分析师应在医学方面博闻广识并保持警觉，在服务对象出现由生理因素引发的行为迹象时，将其转介给医学专家。随着行为分析师经验的不断累积，他们可能会开始向服务对象倡导的领域拓展，逐渐成为能够全权负责并实际解决服务方面问题的专职、独立的倡导者。

第三部分

运用你的行为学知识

一家在多个州拥有分公司的应用行为分析公司的老板们正准备对他们的员工进行评估并制订改进计划。他们谈论起一位有 5 年工作经验的认证行为分析师。

　　第一位老板说这位认证行为分析师拥有出色的临床技能，并且对服务对象"非常好"。

　　第二位老板则回应道："我觉得她还存在着一些严重的问题。五年过去了，我们期待看到的是，认证行为分析师能够在学校、医院诊所等各种情境中，实际运用诸如塑造和绩效管理的行为程序，取得成效。在这一阶段，认证行为分析师在与难相处的服务对象打交道时应该是得心应手的，但她并没有做到。这里明明是有相应的行为方法的，为什么她不使用呢？另外，认证行为分析师是专业人员，必须坚决拥护伦理条例，包括在日常工作中遵守多样性、平等和包容原则（Principles of DEI），但她有时候不是这样做的。"

第 11 章　应对难相处的人

你默许的事情会继续发生。

——匿名

　　工作时间长了，谁都会遇到难相处的人。当然，所谓"难相处"，对不同的人来说有着不同的含义。通常，与他们一起工作不仅具有挑战性，而且会让人感到困扰甚至疲惫不堪。他们也很难被管理，常给周围的人带来麻烦。对于行为分析师来说，难相处的人指的是那些阻碍或干涉我们有效实施行为改变计划的人，而行为改变计划可能是服务对象个人的行为计划，也可能是一家大型企业的改革规划。

　　在本章，你会注意到我们使用了一些常见的标签，如懒散、自大或以自我为中心。这样做的目的是让读者在脑海中迅速浮现出一个生动具体的形象。然而在工作场合中，行为分析师需要抛弃这些标签和情绪，变身为专业人员，关注那些可被观察和可被测量的行为以及其背后的原因，如此才能应对那些难相处的人。

　　难相处的人之所以这样，是因为他们的行为和反应复杂多样。在他们身上常常能看到这些特征：反对新的思路，抗拒反馈，曲解职责，操纵和伤害他人，恃强凌弱，谎话连篇，夸大每一个问题，抱怨不断，不遵守规定期限，不遵守协议，批判他人和他人的工作，在任何事情上都与他人争论不休，抱怨新建议行不通，自己制造问题并让自己看起来是解决问题的英雄，认为"这不关我事"便拒绝提供帮助，还有其他一些特征。正是这些人，让部门无法平静、有序、高效地运作。他们能把脾气好的同事逼到绝境，变得愤怒、挫败或沮丧。他们会使项目脱离正轨，搞得大家士气丧尽。

　　你与这种人的工作关系，或这种人在组织结构中的位置，会在很大程度上影响你解决问题的方式。假如你向制造业的副总裁提出一套新的激励机制却遭到反对，那么这件事棘手的程度可能与同事评判你的衣品或胡子的修剪方式截然不同。如果你督导的一位认证助理行为分析师，总是抱怨连连、消极怠工或不按时提交他们的计费时数，那么与他的相处就会难上加难。

无论是在你的组织中还是社区里，在各个层面上都有可能遇到这样难以应付的人。与服务对象、利益相关方、同事、主管甚至 CEO 打好交道，对你来说至关重要。

研究生毕业后的第一份工作

"这几乎全是语言行为"

开始做第一份工作时，你就必须为应对难相处的人（即那些让我们的生活因为这样或那样的事情而变得麻烦的人）做准备。我们的分析遵循的是斯金纳的思路（Skinner, 1957），通常这些行为大多特指语言方面，这给了我们一些提示，也就是说这些行为是以另一个人或其他几个人作为中介的。由于它们是由当下即时情境中的某个人维持的，因此我们可以找出情境中的讲者 – 听者关系（Skinner, 1957, p.11）。在这些行为中最重要的是刺激控制（Skinner, 1957, p.31），即在挑战性行为发生时特定的人变成一种刺激，那么这个人也就是区辨刺激（SD）。按照流程的下一步，可以确定是哪种强化物维持了这个麻烦的语言行为，如图 11.1、图 11.2、图 11.3 所示。我们假设功能分析的标准类别在这里起作用，即行为的功能是引起听者的注意，或从讲者提出的任务中逃脱。

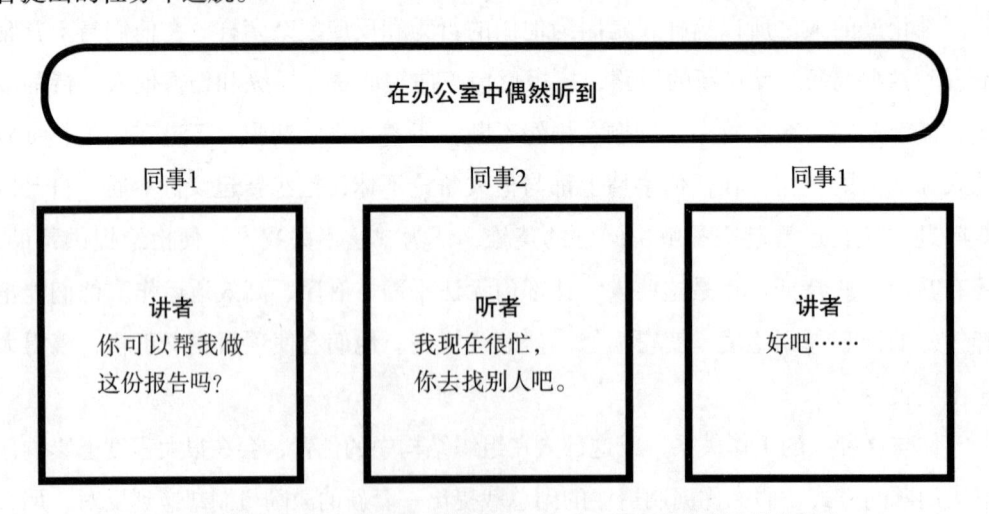

在办公室中偶然听到		
同事1	同事2	同事1
讲者 你可以帮我做这份报告吗？	听者 我现在很忙，你去找别人吧。	讲者 好吧……

图11.1　该图展示了一名同事如何强化了另一名同事拒绝帮助他的行为。

```
┌─────────────────────────────────────────────────┐
│              居家督导环节                        │
└─────────────────────────────────────────────────┘
     督导              督导对象            督导
┌──────────┐       ┌──────────┐       ┌──────────┐
│ 讲者      │       │ 听者      │       │ 讲者      │
│ 我发现你的 │       │ 这可不是我 │       │ 呃……那我  │
│ 服务对象在 │       │ 的错,她根 │       │ 估计我们还 │
│ 达成她的目 │       │ 本不关注我,│      │ 得再观察   │
│ 标方面并没 │       │ 她就是懒。 │       │ 看看。     │
│ 有进步……  │       │           │       │           │
└──────────┘       └──────────┘       └──────────┘
```

图11.2 该图展示了督导如何在无意中强化了督导对象找借口的行为。

```
┌─────────────────────────────────────────────────┐
│          在与教学总监的月度例会中                 │
└─────────────────────────────────────────────────┘
认证行为分析师1  认证行为分析师2  认证行为分析师1  认证行为分析师2
┌────────┐   ┌────────┐   ┌────────┐   ┌────────┐
│ 讲者    │   │ 听者    │   │ 讲者    │   │ 听者    │    争执还在持续
│ 我觉得我 │   │ 我不觉得 │   │ 你这是墨 │   │ 至少我一 │       →
│ 们应该调 │   │ 有这个必 │   │ 守成规, │   │ 次就通过 │
│ 整注册行 │   │ 要,我们 │   │ 想想二十 │   │ 了考试, │
│ 为技术员 │   │ 一直都用 │   │ 年前你刚 │   │ 不像某些 │
│ 的督导方 │   │ 现在的方 │   │ 毕业那会 │   │ 人……    │
│ 式。     │   │ 式,它很 │   │ 儿……    │   │         │
│         │   │ 管用。   │   │         │   │         │
└────────┘   └────────┘   └────────┘   └────────┘
```

图11.3 该图展示了一名认证行为分析师如何在不经意间强化了另一名认证行为分析师让谈话脱轨并产生争执的行为。

我们的独特位置

作为行为分析师,我们在任何公司或组织中都处于一个独特的位置,因为我们明白强化历史、动因操作、"情境观"①(circumstances view, Friman, 2021)的概念,还了解诸如行为塑造、刺激渐褪(stimulus fading)、行为动量和对其他行为的差别强化(DRO)(Michael, 2004)等行为改变方法,所有这些概念和方法都很容易在组织中应用。假如你有能力将这些基本原理应用在你的服务对象身上,那么将它们运用于督导对象、同事、其他服务对象和管理者身上应该也不是难事。从研究生毕业开始,你就需要在不同群体身上测试自己的技能掌握情况。

---

① 原注:指出环境是问题行为的诱因。

一些假设

作为行为分析师，当我们看到有需要改变的行为时，我们很容易采取行动。我们也可以利用这一特质来应对一个一直以来都很难相处的人。如果你已经跟对方讲过道理，允许他自由表达，或直接回避他，你可能会想要凭借自己的力量引导他做出更容易接受的行为。我们假设你不仅能够将行为改变方面的知识应用于服务对象，还能用于你周围的成年人，并进一步假设你愿意这么做。有的人话说得头头是道，但在面对难相处的成年人时，却运用不了依联。我们强烈推荐你去阅读或重读戴尔·卡耐基的经典著作《人性的弱点》（Carnegie, 1981）中的第一至第三部分，他用浅显易懂的语言描述了一种方法，这种方法非常契合行为学的方法和理论。其要点包括：

1. 微笑
2. 不要批判、谴责或抱怨
3. 表示真诚的感激
4. 真正对他人感兴趣
5. 鼓励他人谈论他们自己，并成为一个好听众
6. 谈论对方感兴趣的话题
7. 让对方感觉自己很重要，而且要真诚地做到这一点

控制变量

在开始思考你的行为计划之前，你必须先试着确定控制变量有哪些。虽然现阶段你还无法实施功能分析，但你可以结合个人经历，发挥想象力，做出一些近似的猜想。正如前文所述，有些变量涉及社会性强化，有些变量是环境性的，还有些变量是正强化依联。下面提供了一些值得思考的例子。

某些困难行为	行为得到维持的原因
·口是心非（嘴上说"好"，但行为上说"不"）。	·如果他们开口说"不"，将会受到惩罚。
·在小事上争吵。	·争吵可以换取一些时间。
·在你前进的道路上设置障碍。	·这种障碍可以导致你分心。
·不听从指挥。	·不理解指令，即使他们听了也理解不了，相当于没有解释清楚指令。

续表

某些困难行为	行为得到维持的原因
·用一些疯狂的理论干扰你。	·服务对象/利益相关方并没有接受过专业训练。
·谎报他们的行动。	·掩盖他们的踪迹以逃避惩罚。
·不诚实的语言行为（撒谎）。	·从一年级就开始撒谎，撒谎得到了强化（逃避依联）。
·在治疗中图方便而忽视执业伦理和服务对象的利益。	·公司由私募股权所有，必须按月显示利润。

和服务对象及利益相关方打交道

缺乏合作精神，不能坚持到底

在与家属和利益相关方打交道的过程中，我们常常听到这样的抱怨，他们不执行行为计划，或者在执行过程中前后操作不一致，甚至在某些情况下，有些人实际上是在破坏行为计划，导致计划不起作用。为了协调好这些棘手的行为，你有必要就与服务家庭的关系问自己一些关键性问题。

问问你自己	你该如何做
·他们与服务对象有着怎样的历史渊源？	·做个非正式的功能性行为分析。
·你对他们的期望是否合理？	·给予动因操作，调整你的预期。
·他们是否参与目标选择的过程？	·设置短期的、可测量的目标。
·竞争行为和责任义务是怎样的？	·在这些目标上进行协商。
·你对他们的培训进展如何？	·在行为技能训练上进行投资，将其作为你的培训模式。
·你是否与家属及利益相关方建立了良好的合作关系？	·经常与他们会面，给他们"量体温"，确认你们在信任、同情心和能力方面的立场。

和督导对象打交道

执业伦理匮乏，找借口，伪造数据或日志

在与新的督导对象、实习生或注册行为技术员共事时，你可能会遇到很多问题。也许这是他们从事的第一份工作，他们可能在一致性上存在问题，可能还不理解准确记录数据或与服务对象/利益相关方进行高质量互动沟通的重要性。因此，你必须搞

清楚环境的影响力、工资标准、培训等问题，以及会导致督导对象出现不可接受行为的其他变量。

问问你自己	你该如何做
• 他们有着怎样的工作履历，接受过怎样的督导？	• 对问题行为进行非正式的功能性行为分析。
• 你对他们的期望是否合理？	• 重新审视你给每位治疗师设定的目标，确保它们是合理的。
• 他们是否在为自己感兴趣的群体提供服务？	• 你可以为他们分配不同的服务对象吗？
• 他们的工作条件是否是最优的，如参与度、工作时长、报酬、假期？	• 重新审视他们的工作时长和所得报酬的比例，确保这些条件在同领域的公司中有一定竞争力。
• 你对他们的培训进展如何？	• 在行为技能训练上进行投资，将其作为你的培训模式。
• 你的督导工作是否自始至终保持一致，是否能够帮助他们提升专业能力并以服务对象为导向？	• 重新审视自己的督导方式，确保它们符合《行为分析师认证委员会实践指南》中规定的时长、训练质量及反馈。

与你的督导打交道

那个不回你邮件或不接你电话的人

如果每次你的督导在你有需要时都不在身边，你会感到非常痛苦，并怀疑自己是否得到了赏识和支持。不过，在匆忙下结论之前，你可以先思考也许能控制督导行为的一些变量。

问问你自己	你该如何做
• 你对你的督导的期待是否合理？	• 多花一些时间和你的督导进行一对一的交流（从花5分钟时间开始）。
• 你是否要求得过多？	• 努力工作，对督导所做的工作表示赞赏，做一个优秀的倾听者。
• 你对前期通过电子邮件/电话沟通的信息都了解吗？	• 在一对一面谈中提出一个与此相关的问题。
• 你在提出要求后是否持续跟进？	• 对督导给出的回答"表示由衷的感谢"。
• 你是否运用了戴尔·卡耐基的人际交往技巧？	• 询问如何改进电话沟通技巧。

与你的教学总监打交道

那个不断给你增加工作量或给你的付费时数算奖金的人

教学总监的工作非常艰巨。他们要做新服务对象的筛选和接收工作，监督认证行为分析师们的工作，很多时候他们还需要管理临床预算，承担大量其他职责。可在有些公司，教学总监的唯一工作似乎就是在给每位行为分析师分配计费时数上凸显权威。虽然从商业角度来看可能会有一些问题，但你仍然需要考虑教学总监必须处理的一些其他变量。如果你开始觉得被繁重的工作压得喘不过气了，请思考以下问题：

问问你自己	你该如何做
• 你是否评估过自己目前的工作量（即是否梳理过自己的时间分配情况）？	• 如果没有，尽快进行，利用15分钟的空闲时间做一个电子表格，让教学总监了解你的时间分配情况。
• 你是否记录了有关服务对象进步情况的数据？	• 确定现阶段你的服务对象在实现目标方面有无进步，用图表的形式展示出来。
• 你的督导时间是否被安排满了？	• 收集你观察的督导对象、实习生和注册行为技术员在临床工作中的所有数据，用柱状图展示出来。
• 你的工作量和你在应聘时被要求的是否一致？	• 查看面试记录和劳动合同，有可能教学总监只是在规定的工作量内给你安排了新任务。
• 你是否开始感到精疲力竭？	• 你是否在拖着疲惫的身躯上班，很难开始动手做事，对工作感到失望？如果你准备反抗，不再接受任何新个案，你是否准备好提前30天通知大家？

与同伴和同事（应用行为分析领域的同事、非应用行为分析领域的同事、教师）打交道

始终消极，缺乏合作，强推非循证的实践程序

在读研期间，你可能不用应对他人的负面情绪，因为你会受到管理你的个案的教师和现场督导的保护。但是，当开始第一份工作时，你对服务对象和环境就没有太多的控制权了。下面提供了一些问题供你反思，还有一些建议帮助你改进。

问问你自己	你该如何做
·在和同事的相处中，你是否运用了戴尔·卡耐基的技巧？	·回顾前面那7条核心技巧。
·在和同事的相处中，你是否无意间强化了他们的负面情绪？	·请牢记，争执也是一种强化。
·你是否在"塑造"更接近行为治疗的想法？	·齐心协力，认真倾听并强化那些建设性意见。
·你是否在宣传应用行为分析的优势？	·给同事们看那些能够证明应用行为分析有明显效果的文章。

你自己是否就是一个难相处的人？

大家都不听你的话，不听从你的指挥，没有上进心

如果你认为自己身边始终都有一群难相处的人，那么很可能你自己的行为举止就是问题的一部分原因。

如果你发现他人不听你的话或不听从你的指挥，就应该反思，在与他人沟通的过程中，是否需要换一种策略。下面提供了一些问题供你反思，还有一些建议帮助你改进。

问问你自己	你该如何做
·你是否假定大家都知道你对他们的要求是什么？	·将你的要求拆分成更小的要求（运用任务分析法）。
·你推进项目的速度是否过快？	·放慢速度，确保你的督导对象和同事们都能跟上你的步伐。
·你是否对他人抱有过高的期待？	·使你的期待更切合实际。
·你是否太忙以至于没时间停下来倾听别人的想法？	·进行时间管理（减掉一些任务、坚持每天列待办事项清单、运用你的倾听技巧）。
·你是否吝啬于使用强化物？	·更频繁地运用更多种类的强化物。

年轻的专业人员（从业3~5年）

你在分析和管理棘手行为方面积累了几年经验后，你的生活应该变得平静一些了，结束一天的工作时也应该不再那么焦头烂额了。管理好你的时间和每天的日程安排，明确自己的工作重点，会让你的工作日过得井井有条，督导对象和其他同事也会

欣赏你的表现，尊重你的意见。在掌握了这套经过精心调试的工作程序后，你就可以指导组织中的新手认证行为分析师，教他们如何分析周围人的行为，对他们自己的工作技能进行评估了。作为一名有经验的行为分析师，你能够正确看待他们的挫折，为他们提出具体可行的建议，帮助他们顺利度过现在所处的这个时期，而不致产生放弃和辞职的念头。

职业生涯中期（从业 6 ~ 10 年）

进入职业生涯的这个阶段，你可能至少已经处于初级的管理岗位，能够对公司的政策产生一定的影响，提出关于改善督导对象、督导、认证行为分析师及上层管理人员之间沟通与互动的建议。当听到注册行为技术员说"我的督导没有给我足够的反馈"，或者听到认证行为分析师说"教学总监只顾着不停地接收新服务对象，但我们压根没有足够的人手提供治疗"时，你应该考虑就公司内部常见的纷争发起一次圆桌会议，探讨共同的解决方案。这些解决方案可能涉及如何从改善沟通入手，分析导致大家纷争的依联事件。

资深行为分析师

达到资深级别的行为分析师对于可能导致棘手行为的因果变量已经具有多方面的预测性。他们可能教授过斯金纳语言行为的课程或举办过相关的研讨会，并有机会观察到导致公司内部棘手行为的依联。比如，过于强调公司的收益，导致员工忽视自己对增进服务对象的福祉应尽的基本责任。过于强调计费时数，导致教学总监与认证行为分析师和注册行为技术员变得敌对。认证行为分析师和注册行为技术员们也有可能与他们的督导针锋相对，从而增加无端的指责和内部斗争。在一家运作良好的行为分析机构中，以上这些情况都不应该存在，因为公司的领导者深知，并不存在难相处的人，只存在尚未分析和着手解决的棘手行为。

小结

本章介绍了行为分析师如何与工作场合中难相处的人打交道的问题。我们将其界定为棘手的行为。而其中有很大一部分是语言行为。这种语言行为可以放在讲者 – 听者关系中进行分析，在这种关系中，棘手行为是由听者维持的。此外，我们还根据弗里曼（Friman）的"情境观"（即行为在很大程度上是由直接环境决定的）进一步分析了棘手行为。作为行为分析师，我们需要认识到直接环境这一重要变量。为了管理棘手的行为，我们假设行为分析师能够应用他们所知道的行为改变方面的一般知识，在工作场合中应用这些原理，并且对卡耐基的经典著作《人性的弱点》有基本的了解。

第 12 章 有效使用行为塑造

> 塑造，塑造，总是离不开塑造。
>
> ——佛罗里达州行为分析师协会最畅销产品的标语

序幕

出于无奈，这位老师终于点了这个一直在疯狂挥手、小声急迫地说"我、我、我！"的三年级学生来回答问题。

在一次去往纽约的家庭旅行中，一名父亲说道："好吧，我同意带你去苹果专卖店，但我们今天什么都不会买的。"之后，他拿出白金信用卡，对苦苦哀求他的 9 岁女儿妥协了。

一位督导树木栽培工作的人员，被老板突然打来的一通电话弄得心烦意乱，她注意到树木修剪工又一次没戴安全帽，但她什么都没说，匆忙地跑到自己的卡车旁边接电话。

上述案例中的那位三年级老师面对的这个学生，每天都挥舞着手臂，小声地喊"我，我，该我了，我知道答案。拜托拜托！"——坚持用这样的方式让老师点她回答问题。那位父亲面对的是一个总求他买最新款耳机的即将进入青春期的女儿，而米勒树木服务公司的老板刚刚收到了一份关于一位员工头部受伤的工伤索赔。

根据行为原理，以上案例中的表现都会使不恰当行为发生的可能性略有提升。随着发生概率的增加，行为在越来越多的环境中得到强化的概率也越来越高。生活中强化的力量无处不在，它们一点一滴地渗透进我们的日常生活，造就了人类行为的复杂场景，最终呈现在我们应用行为分析师的面前。行为分析师的世界就由这些复杂而困难的行为组成，改变这些行为需要通过功能分析进行归类，需要撰写行为计划，需要订立正式的培训协议，还需要绝对的耐心。这是一片偶然性强化的汪洋大海，航行时稍有不慎，行为分析师的独木舟就可能被不恰当行为的浪潮吞没。一名训练有素、认真负责、遵纪守法的行为分析师该怎么做呢？

能否按行为原理行事，可以决定一个人能否成为一名行为分析师。在上述每个案例中，都有一位关键人物参与了不恰当行为的塑造。违反行为原理的人当时意识不到这一点，甚至在别人指出时也不愿意承认，但正如这些看起来无伤大雅的表现一样，在我们的文化中，每天都会发生数百万次这样的互动。这些互动累积得足够多，不恰当行为就会成为让每个人都头疼的慢性行为问题。研究生阶段的课程并不会明确涉及这些道理，你可能要到做第一份工作时才有机会真正运用它们。

研究生毕业后的第一份工作

塑造的伦理

对于一名硕士刚毕业、专业技能过硬、训练有素的认证行为分析师来说，塑造可以是一件令人愉悦的事情。我们来设想这样一个情境，一位行为分析师和一群人在一起工作，其中有一个人非常难相处（见第 11 章）。这位行为分析师比较健谈，会在对话中保持微笑并频频点头。受过训练的观察者可能会注意到，这位行为分析师还会偶尔停顿一下，脸上露出温和的表情，过一会儿又重新投入谈话中。令人惊奇的是，稳重、受欢迎的行为分析师能够当场估算出她所看到的行为最终会带来麻烦的可能性。她会在适当的时候，用微笑、赞同、点头塑造难相处的人的行为。她沉着冷静，尽职尽责，并且不生气或与人争论，因为她知道，她所观察到的行为都是这个人的强化历史的产物，或许可以追溯到这个人的童年时期。

爱抱怨的人、"万事通"和"戏精"（Bloch, 2005），都会给周围的人带来麻烦，但专业基础扎实的行为分析师除外，因为他们了解行为是如何运作的。在他深厚的知识功底中蕴含着禅宗的精髓，不仅能让行为分析师在理解他人的行动时保持冷静，还能让他们在必要时采取行动。行为的塑造可能来自未经训练的人的无意之举，也可能来自训练有素的人的刻意为之。虽然在日常生活中使用行为分析不是硬性要求，但是也不难发现，一些行为分析师可以有效运用自己的知识，在他们的影响范围内塑造出某种程度的恰当行为。在周围的人身上应用你掌握的基本行为原理，对你和他们都大有裨益。

日常行为塑造

除了对服务对象进行行为塑造外，你可能还会发现自己每天都有大量的机会对你的督导、同事及家人进行行为塑造（Sutherland, 2008）。将在学校所学的知识应用于日常生活中的其他人身上，这种做法是否符合执业伦理？只要满足几个限定条件，答案就是肯定的。只要掌握得当，行为塑造就能发挥出强化的真正威力。如果你掌握了强化物的使用方法，知道如何使用条件强化物，并善于把握时机，你就能有意识地塑造出一些惊人的行为。但是在此之前，你需要先想清楚几个问题。你不能利用这些知识、这些对人类行为的深刻理解，去推动自己的个人日程。如果你的朋友请你喝啤酒、帮你洗车或遛狗，你就对他们进行差别强化，这样是不公平、不道德、不恰当的。这种做法是不正确的。如果你想对身边的人使用塑造，你必须始终遵守执业伦理，选择符合他们的最佳利益的行为。

例如，假设你和某人建立了友谊，并发现你们有很多共同点，相处融洽，很享受一起度过的时光，但是这个朋友喜欢打断你说话，这个习惯让你觉得困扰。这个朋友并非出于恶意，这个习惯也不会破坏你们的关系，但是你就是不想跟他共度周末，因为不断地被打断会让你抓狂。你应该怎么办？你不必让对方注意到他这个恼人的习惯，这样做通常没有任何好处。事实上，让对方注意到问题可能会让你无法继续在友谊的道路上前进。这种时候，行为塑造就是最好的办法。

让行为塑造看起来自然一些，这样就不会有人指责你在操纵别人了——这是对行为分析师的要求，而不是选择。如果朋友认为你在试图欺骗他们做某些事情，你很快就会失去他们。你的目标必须是积极的、合理的，而不是自私自利或贬低他人的。萨瑟兰在她的优秀著作《男人是动物，女人是教练：虎鲸沙姆教我如何hold住婚姻》（*What Shamu Taught Me About Life, Love, and Marriage*, Sutherland, 2008）中，描述了她对身边的所有人使用社会性强化物的经历，从排在她身后不耐烦的人，到她需要戒烟的母亲和总弄丢钥匙的丈夫。萨瑟兰将自己使用的策略毫无保留地公之于众。媒体对她的书反响热烈。将那些用来训练动物的行为程序拿去改善人际关系，这个想法让许多人为之惊叹。在一个特别有说服力的例子中，萨瑟兰描述了她在家里使用行为塑造之前，是如何同情丈夫的困境，和丈夫一起疯狂地寻找钥匙的。在她意识到她的做法其实是强化了丈夫的丢钥匙行为后，她开始让丈夫自己解决问题，并在他找到钥匙时简单地强化他。之后，丈夫弄丢钥匙的次数越来越少，疯狂的搜寻行为变得冷静和有条不紊。

如果你能养成习惯，无论走到哪里都要寻找可以强化的行为，那么你就会成为一名更成功的行为分析师。在工作中，你可能会遇到有恼人习惯的同事，他们借了你的订书机却不归还，或者开会总迟到。许多人不习惯给出直接的反馈，任由这些恼人的习惯慢慢发酵，直到在忍无可忍的那一刻爆发。对那些举动欠考虑或说话不体贴的人，说一句"没关系"并不是一个好办法。相反，你应该做的是，制订一个系统的、连贯的计划来强化他们经过深思熟虑、负责任的行为。有时，这显然需要使用行为塑造的方法，而有时则可能需要用到逐步接近。如果你是一名督导，那么可以在计划中加入反馈和记录（如针对迟到等行为的记录）的部分。请注意，我们所说的"恼人的行为"并非那些绝对不能容忍的行为，如开不恰当的玩笑（如种族主义、性别歧视等），如果发生这类行为，应该立即上报人力资源部门。

中介人员（如对孩子实施行为治疗计划的教师和家长）对于精心设计的塑造特别敏感，反应也特别快。他们非常努力，也很想取悦别人。作为行为改变计划的执行人，他们可能会迫切地想知道自己的做法是否符合期望。要真正改变行为，使新策略自然产生后果，他们还有很长的路要走。最好的塑造方式是将塑造与他们自身的尝试同时进行。假如一名孤独症孩子的中介人员由孩子的母亲担任，来看看你该怎么做。你一直在尝试教母亲与孩子进行语言交流。你需要找到一个合适的位置，以便观察母亲与孩子的互动，并在必要时进行行为塑造。不论是坐着还是站着，都得让母亲能够看到你的脸，轻松地跟你进行眼神交流。当你鼓励母亲在训练中进行尝试时，母亲能够看到你在点头。当母亲瞥向你时，向她投以灿烂的微笑，并无声说出"太棒了！""好极了！"这样就会达到预期的效果。在这次训练的最后，你可以立即跟进，给予描述性的反馈，让母亲知道你对她的进步有多么满意。这样的做法不仅能提高母亲给出正确回应的频率，还能培养她的自信心和自我肯定的意识，在接下来的日子里，即使你不在场，当母亲遇到困难时，这种自信心和自我肯定也会发挥作用。

年轻的专业人员（从业 3～5 年）

养成塑造的习惯

在刚工作的头几年，你或许能够敏锐地捕捉到对身边人进行行为塑造的机会。督导对象需要变得更加独立，不再依赖于你每天的反馈，你的认证助理行为分析师需要在提供督导方面挑起大梁，你的同事开始因为个人问题占用你太多时间。所有的这些问题都可以通过精心使用行为塑造来解决。

行为分析师每周都要与数十人甚至是上百人打交道，因此也有无数次进行行为塑造的机会，但是，就如同大多数的习得任务一样，塑造也要循序渐进。最开始，你需要选择一两个人，针对每个人选择一两个行为。你并不是要通过塑造培养出一种全新的行为，而是要提高某些特定反应在恰当的时候出现的频率，或延长出现的时间。在与同事的讨论中练习你的塑造技能，在与主管一起开重要会议时锻炼你的塑造技巧，这两者是截然不同的。

职业生涯中期（从业 6～10 年）

当你进入职业生涯中期时，行为塑造在你掌握的技能中，应该算是一项毫不费力的、直观的，且能熟练运用的能力。凭借这项技能，你可以高效地主持会议，为董事会注入活力，为过于激进的公共关系降温，以及驯服那些可能有些急于求成的新员工。作为一名管理者，你会看到塑造的力量，它可以影响你的 C 字头同事每周需要做出的决策。根据你的职位和任职时长，你的塑造技能会影响公司的发展方向并提高公司在社区中的影响力。

资深行为分析师

在行为领域工作了十年以上并成功处理了数百个塑造案例之后，你应该能够掌控自己的公司，并在更大范围内应用你的塑造技能。你可能会遇到形形色色的人，他们来自供应商、资助方、政府部门或法务委员会，你可以应用塑造技巧让他们更愿意听从你的意见，更愿意与你合作，更容易接受你的想法。塑造还包括巧妙地提供强化物,这样你就可以一举两得。因为强化本身会把你跟强化物组合在一起,人们会觉得你更有趣、更平易近人,如果你能够巧妙地塑造依联,你就会看到行为中的细微变化。所有人都喜欢提供强化物的人。作为一个能提供强化物的人,你会得到大家的喜欢。而一旦你进入了大家的视线,塑造就显得尤为重要,它能让大家达成一致,保持和谐的关系。

小结

"塑造,塑造,总是离不开塑造。"在一天的工作中,偶尔用比平常低八度的声音缓慢地重复这句"咒语",提醒自己,作为一名行为分析顾问,你可以影响周围人的行为。本章介绍了行为分析师如何在工作场合中使用塑造。为了他人的最佳利益而使用塑造,以提高他们的工作绩效,减少他们的刺激或厌恶行为,改善他们的恰当行为或提高工作效率,是完全符合伦理规范的。但仅仅为了自己的利益而使用行为塑造则是不合乎伦理的。善于使用塑造意味着处处寻找合适的时机,强化那些有趣的、有效的、对社会有利的行为。

第 13 章　多样性、公平性和包容性

知识越渊博，做事越得心应手。

——玛雅·安吉罗[①]

写在前面的相关背景介绍

除了要胜任技术方面的工作，行为分析师还应该是一个正直的人，能够公平地对待他人，让每个人都感到自己是受欢迎和受尊重的。为了证明行为分析师待人接物的重要性，2022 年 1 月 1 日起实施的《行为分析师专业伦理执行条例》（行为分析师认证委员会，2020）增加了一些新的内容，这些内容强调了多样性、公平性、包容性和文化敏感性等关键概念的重要性。

虽然关于多样性、公平性和包容性（Diversity, Equity, and Inclusion, DEI）的培训初次出现于我们 2022 年实施的伦理条例中，但早在 20 世纪 60 年代，企业环境中就有关于这些主题的培训（Lussier, 2020）。在 20 世纪 60 年代中期，平等就业法律和平权行动呼吁人们关注与种族相关的就业问题，还呼吁进行变革。

在所有行为分析师都应遵守的四项核心原则中，有两项与公平性和文化敏感性有关。一项是第 2 条核心原则：心怀悲悯、尊重他人。

伦理条例明确规定：

> 行为分析师应该公平待人，无论对方的年龄多大、残障状况如何，无论他是什么身份、国籍、种族、民族，无论他的宗教信仰、性别认同、移民来源是什么，也无论他有什么样的婚姻状况、伴侣状况、性取向、社会经济地位，凡是法律禁止的偏见都不应该有。

[①] 原注：www.oprah.com/oprahs-lifeclass/the-powerful-lesson-maya-angelou-taught-oprah-video. 这句话在网上有许多版本（Winfrey, 2011）。

另外一项是第 4 条核心原则，即行为分析师应该保证胜任力。"行为分析师应该为了保证自己的专业水平，想方设法、不断提高自己在文化敏感性方面的认识，学习相关技能，了解如何为不同的群体提供专业服务。"

除了与多样性、公平性、包容性及文化敏感性相关的核心原则外，一些特定的条款（1.07、1.08、1.10、4.07）也涉及这些重要内容。

文化敏感性

对于行为分析师来说，文化敏感性（见第 9 章）意味着他们除了要了解自身的文化，还要了解并学习服务对象及其家庭的文化和社区规范。作为少数群体的服务对象及家庭应该得到支持（Khalifa, Gooden, & Davis, 2016），行为分析师在为其制订服务计划及提供服务的过程中应该考虑他们的文化视角。文化敏感性是指对与你的文化背景不同的人做出回应。将文化敏感性的实践纳入行为分析师的必备专业技能中，对于多样性习已成风的美国来说尤为重要（Beaulieu & Jimenez-Gomez, 2022）。

文化谦逊

与文化响应力密切相关的一个概念是文化谦逊。1998 年，文化谦逊一词首次出现于身体健康领域，它是一个终身的过程，关注自我反省、自我批判以及承认自己的偏见（Khan, 2021）。文化谦逊的一个关键特征是，治疗师努力减少服务对象/家庭与治疗师之间的权力不平等，而不是表现得高高在上。整体来看，文化谦逊意味着反思自己，而文化敏感性意味着学习思考别人的文化。

文化能力

文化能力（cultural competence）有许多定义，这一术语在医学、心理咨询、社会工作和心理学等专业领域受到越来越多的关注（Sue, Sue, Neville, & Smith, 2019）。和文化谦逊一样，文化能力的培养也是一个终身的过程，在这一过程中，人们会努力创造条件，最大限度地促进服务对象的最佳发展（Sue & Torino, 2005）。拥有文化能力对行为分析师来说意味着平等地回应所有的服务对象，与其进行沟通，为其提供干预。要具备文化能力，行为分析师必须对他人的文化习俗保持敏感。

最后，一旦你开始反思自己（努力克服偏见），并思考他人的文化及社区规范，就应该将这些反思付诸行动，采取体现多样性、公平性和包容性的做法。

研究生毕业后的第一份工作

刚开始工作时，你除了要参加行为分析技术方面的培训，还必须接受多样性、公平性和包容性的相关培训，了解下文介绍的这些概念。此时，你应该开始反思自己是否存在偏见，如果存在，你还要反思如何改变自己的这些偏见。在职业生涯的这个阶段，你可能还无法影响公司的政策制定，但是你可以从自身出发，在会议中或 DEI 培训中大胆发言，并报告你看到的所有与歧视或偏见相关的情况。

多样性

多样性意味着人们有不同的社会背景、种族、年龄、性别或性取向、宗教信仰、国籍等。

很多年前，工作场合中的多样性主要集中在种族、性别和年龄上。而近年来，多样性话题还包括身体素质、性取向、宗教信仰、教育背景、工作经验、父母身份、移民身份、收入、感情状态等其他因素。

蒂娜从都市搬到了一个小城市，在一家行为咨询公司工作。这家公司几年前由认证行为分析师－博士级海瑟创办。海瑟从一家大公司离职后，独自创业。在公司初创时期，蒂娜是公司唯一的咨询顾问。没过多久，海瑟又聘请了一位行为学领域的熟人梅根。之后不久，她又雇用了一些她认为"可以很好地融入团队"的行为顾问。蒂娜很快意识到，这家新公司不具备多样性。所有认证行为分析师都是年龄在 26 到 40 岁之间的千禧一代①，都是白种人，而且都是女性。或许海瑟是一个种族主义者，或许不是。可能是没有其他人来应聘这些岗位，也可能是海瑟习惯性地雇用和她相似的人。但有一点可以肯定——这并不是一个多样性的工作场所。

作为行为分析专业人员，保护我们的服务对象是我们的职责。除了倡导优质的服

---

① 编注：千禧一代，英文是 millennials，指出生于 2000 年前，在 2000 年后达到成年年龄的一代人。可大概对应 80 后、90 后群体。

务外，行为分析师还应该看到这个领域里存在的偏见和歧视性的做法。目前，非裔儿童在孤独症谱系障碍的诊断上存在种族差异，这些 ASD 儿童更容易被错误地归类为智力障碍儿童（Constantino et al., 2020）。

由于拉丁裔和非裔儿童被诊断为注意力缺陷与多动障碍（ADHD）的可能性较低（Constantino et al., 2020），行为分析师应该密切关注，确保所有儿童都得到他们应当享有的服务。

公平性

公平性基本上意味着公正、公平和不偏不倚，它还关系到为每个人提供成功所需的一切。公平性意味着愿意为确保他人成功而做出适当的调整。以行为分析的服务对象为例，公平性可能意味着你要先发现服务对象遇到的问题（例如，阿马里在学习阅读方面存在困难），然后为其提供足够的学习资源（她可以使用家庭负担不起的电脑），并且为其家庭提供所需的支持。由此为经济条件有限的家庭创造了公平的环境。

你可能还听过一个词，叫平等（equality）。公平和平等都是与种族公正相关的典型术语。平等意味着每个人都受到同样的对待。在行为分析公司中，所有的员工在加薪、福利待遇、职业发展等方面都应该有相同的机会。不应该因为身体素质、种族、性取向、宗教信仰等特征，以及教育背景、工作经验、父母身份、移民身份、收入、感情状况等其他因素而遭到歧视。

没有公平，也可能有平等。在讲述社会变革的文献中有一句不知出自何人之口的话："平等是给每个人发一双相同的鞋，而公平是给每个人发一双合脚的鞋。"（Risetowin.org, 2022）

包容性

包容性意味着没有人被排斥在外，无论其年龄、残障状况、种族、性别表达/性别认同、移民身份、婚姻/感情状态、国籍、种族、宗教信仰、性取向或社会经济地位如何。包容性背后的基本理念是让每个人都感到自己是受欢迎和被接受的。

珍和萨拉在一家大型咨询公司做行为分析师。一个周三的早晨，她们在休息室喝咖啡。另一名员工罗格，坐在她们附近的桌子旁。珍对萨拉说："昨晚蒂姆模仿那些电影明星的样子太疯狂了，简直让我笑得停不下来……"罗格开口问道："你们在说什么呢？"珍回答："我们都去昨晚的玉米卷星期二（Taco Tuesday）了，蒂姆做了一些模仿逗我们开心。"罗格听了后脸上浮现出忧伤的表情，说："听起来真有趣，真希望我也被邀请了。"萨拉感到有点不是滋味，为了避免和罗格有目光接触，她低头看了看表，说她得回工位了。珍对罗格说："罗格，作为邀请人，我真的很抱歉。我只是觉得你去那个地方会有点别扭，因为你坐着轮椅，而那家店的门口有很多台阶。"

这是一个令人遗憾的局面。如果珍只是和她的一两个朋友出去玩，倒也没什么。但现在的局面是，除了罗格，部门里的所有人都收到了邀请。很显然，这不是一个体现包容性的例子。珍本可以邀请罗格，然后私下提醒他去这家餐厅可能会有不便之处。她本可以提前联系餐厅，询问轮椅停放和电梯的情况。或者，她也可以问问罗格是否愿意给餐厅打电话。

在这个例子中，包容性意味着：①邀请所有人；②关于如何解决无障碍问题，给罗格选择权；③另找一个能让包括罗格在内的所有人都感到舒适的无障碍场所举办聚会。

条款 1.08 规定不得歧视，和其他与公平性和包容性有关的条款有一些重合之处。条款 1.08 规定，行为分析师不得歧视他人。我们认为，除了极少数例外，行为分析师明确地歧视他人并不是一个大问题或经常出现的问题。真正的问题是他人对行为分析师的歧视。

> 玛丽安娜是一名拉丁裔行为分析师，她因为说话的口音而遭到歧视。尽管她聪明、勤奋、尽职尽责，是一名一流的临床工作者，对于行为分析咨询这一职位，她仍不在被考虑的范围之内，只因为她戴着有色眼镜的公司老板认为她的能力不如其他人。在这个例子中，歧视出现在这家正在招聘员工的公司。公司老板不是行为分析师，所以委员会无法对他采取任何行动，但玛丽安娜可以向州行政机构或平等就业机会委员会（Equal Employment Opportunity Commission, EEOC）提交歧视索赔材料。

对行为分析师的歧视，有些来自机构，而有些则可能来自家庭或服务对象。达雷尔是一名男性认证行为分析师，为一名孩子提供上门干预服务已有数月，得到了孩子家长的好评。有一次上门干预是在周五，那天秋高气爽，孩子母亲问达雷尔打算怎么过周末。"哦，你要去远足……是和你的女朋友或妻子一起吗？"这位母亲问道。达雷尔不想撒谎，于是回答道："其实，我已经结婚了，但是是和一名男性。"很快，就在距离这段对话不到 24 小时的时间里，这位母亲打电话给达雷尔的公司，要求换一名顾问给孩子提供服务。这显然是一起歧视性取向的事件。

遗憾但也能够理解的是，伦理条例只适用于行为分析师。在上述案例中，如果拒绝雇用拉丁裔行为分析师的公司老板不是一名行为分析师，那么他就不在伦理条例的管辖范围之内。如果歧视公开性取向的男性行为分析师的这位家长不是行为分析师，那么同样，她也不受伦理条例的约束。我们需要共同努力，以最好的方式处理行为分析师失去应得的尊重这一问题，并教育大家如何在行为分析师认证委员会的规定以外处理歧视事件。

歧视的级别

条款 1.10 的规定涉及行为分析师的个人偏见。在目前许多领域的 DEI 培训中，一个有争议的趋势是认为每个人都有偏见。遗憾的是，这通常被解读成每个人在内心深处都有种族主义、性别歧视，或有着其他不被接受的、令人反感的偏见。偏见是有不同级别的。

1. 普遍的无意识的偏见

这种偏见无须过多解释。有时产生偏见是因为当事人没有意识到这个问题。这种偏见当然也需要纠正，但它通常并非出于恶意。

罗德尼和贝卡是一家大型咨询公司的两位热心的行为分析师，他们应一位主管的要求，共同策划了一次面向全体员工的周末联谊活动。过去，公司组织过野餐，还组织过打保龄球，但主管想要活动更丰富些，并希望这个活动能让所有人都参与进来。罗德尼和贝卡决定让大家一起参加"绳索"课程（"Ropes" course），员工们将被分成几个小组，相互竞争，参加攀岩、走吊桥、滑索、爬网等活动。这项提议最终被另一名主管否决了，因为这名主管意识到某些员工会基于身体原因无法参与这些活动。这两位 20 岁出头的员工之前没有意识到这一点，听完主管的解释后，他们未来就会对这类情况更加敏感。

2. 缺乏知识

总的来说，人们掌握的知识是越来越丰富的，但在某些情况下，人们仍然存在一些由于缺乏知识而产生的偏见。当行为分析师进入一个不同文化、国家或宗教信仰的家庭中，却不了解他们的喜好时，就会出现这种情况。

> 比尔是一名认证行为分析师，他被派去为一名服务对象进行上门干预。虽然比尔接受过初步的入职培训，但很显然这还不够。比尔很沮丧，对他的督导抱怨："这位母亲有点让人讨厌。我觉得她并不是真的想接受我们的服务。我给她发消息询问是否可以在某个时间去上门干预，她总回答'不可以'。我们还有其他的服务对象要管。我觉得这位母亲并不配合。"
>
> 出于某些原因，比尔在没有掌握关键信息的情况下就开始了他的工作，他对这个家庭的文化及宗教信仰缺乏了解。这是一个穆斯林家庭，每天都要做一定次数的礼拜，其他的日程都需要根据礼拜的时间安排。此外，这位母亲不能单独与一名男性独处一室。之后一名女性个案经理与这位母亲进行了交谈，得到了些必要的信息，并根据这个家庭的情况对干预计划做了调整。比尔被安排了另一个个案，一名女性行为分析师接手了这个个案。

3. 隐性（无意识的）偏见

在隐性偏见中，通常存在对一个群体的偏好（或厌恶）。刻板印象常常与该群体相关。比如："你在街上散步的时候，这个群体（特指）的人更有可能抢劫你。"或"这个国家（特指）的高中生更有可能取得优异的数学成绩。"

> 玛丽是一名六十多岁的职业女性。一天傍晚，她想一个人去当地一家做牛排的餐馆吃晚饭。这家餐馆环境不佳，在一个木棚里，地上随处都是客人扔的花生壳。玛丽到达这里时，尚未到晚饭时间，店里只有两对夫妇在用餐。服务生招待了玛丽，并将她带到最里面的桌子旁。这张桌子在一个拐角处，正对着厨房敞开的门。"我可以换到别的桌子吗——在更像餐厅的地方？"玛丽问道。服务员（恰好是一名年轻女性）回答："不行，只剩这里了。"玛丽说："我不明白，这里明明也没什么人呀，有那么多空座位。"但是这名年轻的女服务员拒绝（依然站在那里）将玛丽带到其他座位去。玛丽离开了这家店，走到了1英里外的澳拜客牛排

屋①。走进餐馆，她就听到了服务员的招呼："欢迎来到澳拜客。现在时间还早，我们有很多位置——您想坐在哪里呢？"

这种故事还有很多，后来玛丽给地区管理部门写信，投诉了第一家餐馆。而与这个例子相关的观点是，偏见是从不断的学习中培养起来的。所有做过餐厅服务的人都会告诉你，女性消费者被认为是出了名的不会给小费的人。于是，背负着这样的偏见，她们经常被问到是否愿意坐在吧台或靠近嘈杂厨房的位置（而不是餐厅里环境更好的座位）。而玛丽也可能由于她的遭遇而对年轻的服务员们有了偏见。在这个例子中，涉及两种偏见，一种是服务员对于女性顾客（可能是特定年龄层的女性顾客）的偏见，而另一种是玛丽对年轻的餐厅服务员产生的偏见。

说到行为分析技能和年龄问题，如果行为分析师很年轻，那么服务对象/家庭可能会认为他们缺乏必要的经验。而如果行为分析师的年龄较大，那么服务对象/家庭可能会认为他们跟不上最新研究和现代技术的进展。

在反思自己的偏见时，重要的是要明白，行为可以反映群体中某些成员的真实情况，但这不能代表这个群体中所有成员的情况。

4. 显性（有意识的）偏见

显性偏见就是传统意义上的偏见。有显性偏见的人能够意识到自己对于特定群体的态度和偏见。显性偏见是有意识的。种族主义言论或对其他边缘群体的言论就是显性偏见的例子。

可悲的是，显性偏见最常见的例子之一就是基于种族的歧视。有的白人家庭被分配了非裔行为分析师后，他们会要求换一位"和我们更相似的"行为分析师。公司必须决定是否要为这些表现出显性偏见的服务对象工作。

一种可能的处理方案是，公司在其网站和服务协议中声明："我们在努力打造一家多样化的公司，我们为所有的顾问感到骄傲。我们不会容忍任何基于年龄、残障状况、种族、性别表达/性别认同、移民身份、婚姻/感情状态、国籍、种族、宗教信仰、性取向或社会经济地位的歧视。我们的咨询顾问都训练有素且技术娴熟，我们的资深顾问都获得了行为分析师认证委员会的认证。"

---

① 译注：Outback Steakhous，美国连锁牛排餐厅。

条款 4.07 要求，督导有必要为督导对象和实习生培训与多样性有关的议题（如年龄、残障状况、种族、性别表达/性别认同、移民来源、婚姻状况、伴侣状况、国籍、民族、宗教信仰、性取向或社会经济地位）。督导还必须将这些培训融入行为分析师的日常工作中。

多样性的优势

多样性会为公司带来许多好处。其中包括提升公司的创造力和创新性，提高员工的参与度/减少员工流失，增加职业发展机会，提高收入和财务业绩，带来更多的拓展市场的机会。将多样性与包容性及公平性相结合，公司会取得非凡的成就。

年轻的专业人员（从业 3～5 年）

在这个阶段，你已经接受过 DEI 培训，并对自己可能存在的偏见进行了反思。你可能在一个多样化的治疗环境中工作，与跟自己的种族、宗教信仰、性取向、性别认同、年龄、宗教信仰、残障状况等方面不同的人共事。你可以为新行为分析师树立榜样，示范如何作为团队的一员与他人合作。在此阶段，你可以持续了解和欣赏周围的每个人，包括你的同事们和你为之服务的家庭，并为新来的认证行为分析师做好示范。

职业生涯中期（从业 6～10 年）

作为一名处于职业生涯中期的行为分析师，你可能正在督导其他人，或者已经处在领导岗位上，向督导对象和实习生传授 DEI 的相关知识，帮助他们审视和解决自身可能存在的偏见。你可以参加州级或全国的 DEI 培训会议，学习更多关于帮助他人消除偏见的知识。你还可以与你的督导或公司老板进行交流，探讨机构如何在开展 DEI 培训、提升多样性、变得更公平以及促进包容性方面有所改进。

资深行为分析师

作为资深分析师，也许你能够改变或制定公司的政策，也许你自己就是公司老板，所以，当服务对象或其家庭歧视你的行为分析师时，你可以决定如何处理他们的歧视行为。想想前文中提到的达雷尔，在透露自己是同性恋后，被服务对象的家长要求换掉。作为一名公司老板，在这种情况下你会怎么做？你可以决定不再为这个家庭提供服务，也可以尝试改变这位家长的想法。你可以支持达雷尔，帮他找到一个能够得到赏识的工作环境。你也可以参与委员会的会议，或组织一个由当地机构组成的委员会会议，与大家一起讨论如何处理与歧视有关的问题。

小结

本章讨论了多样性、公平性和包容性，以及文化谦逊、文化敏感性和文化能力等相关主题。文化谦逊包括反思自己的偏见，无论这些偏见是隐性的还是显性的。对于行为分析师而言，文化敏感性意味着他们应了解并学习服务对象及其家庭的文化和社区规范，而文化能力则意味着行为分析师应代表所有服务对象的利益，进行沟通和干预。《行为分析师专业伦理执行条例》认为，以下方面的培训和实践对于行为分析师来说至关重要：文化敏感性和文化多样性（条款1.07），不得歧视（条款1.08），警惕个人偏见，注意自身困难（条款1.10）以及融入多样性、应对多样性（条款4.07）。在未来，行为分析师个人、行为分析公司及我们领域的所有成员都将学习如何以最佳方式处理某人不受重视或得不到应有尊重的情况。

第 14 章　绩效管理

绩效管理是一种系统的、以数据为导向的人力资源管理方法，它以正强化作为最大限度提高绩效的主要途径。

——奥布里·丹尼尔斯

研究生毕业后的第一份工作

在读研期间，你可能没上过有关绩效管理（Performance Management, PM）或组织行为管理（Organizational Behavior Management, OBM）[①]的课程，然而在你的第一份工作中，绩效问题可能会成为你的一大挑战。注册行为技术员可能缺乏良好的执业伦理（做治疗时迟到或根本没有出现，或者没有如实地收集数据等），或者缺乏与老师、家长或利益相关方打交道的必要专业技巧。如果团队中有多名员工出现问题，你就可能需要建立绩效管理体系，对整个团队的恰当行为进行有效的培训、指导和维持。

具体应用我们所知的基本的行为原理时，无论是直接应用于服务对象个体，还是应用于应用行为分析机构或亚马逊运营中心的员工，效果都是一样的。但在处理行为技术员的绩效问题时，你的目标是不一样的，因为它不是临床问题，即不当、自伤或攻击行为，而是技术不熟练、效率低下、没有产出、不安全或代价巨大的行为。这些行为在几乎所有工作场合中都被认为是"正常"的，不会被认为是临床问题。但这些行为却非常普遍，令督导、教学总监及 CEO 感到不安，他们可能会把解雇或厌恶控制（aversive control）作为一种管理方法。绩效管理的应用可以为构建员工关系、降低员工流失率、快速掌握临床技能，以及忠诚于组织及其使命奠定坚实的基础。相

---

① 原注：你可以加入一个名叫行为管理网络的专业组织。他们的网站是 http://obmnetwork.com。

反，如果应用行为分析公司的管理者忽视了绩效管理的基本原理，那么几乎可以肯定，他们会看到员工对督导或公司抱怨连连，人员流失严重，接下来是服务对象流失、公司收益下降，社会声誉受到影响。如果员工的士气太过低沉，公司缺乏有效的管理，会导致整个组织面临失去资金支持的风险。如果员工不能做好本职工作，无法提供高质量的服务（督导也没有从中发挥作用），那么最终付出的代价将会是巨大的。在商业场合，这些常见的行为和管理问题会给成百上千的员工造成巨大的损失，更不用说给服务对象造成的难以估量的损失了。

公共服务场合中的绩效管理

绩效管理起源于商业和工业应用领域（Daniels & Bailey, 2014; Rodriguez, 2021）。遗憾的是，近几年，应用行为分析变得越来越商业化，我们的领域里也出现利用绩效管理来提高服务对象数量、减少督导、提升产出、增加付费时数的趋势，逐渐忽视服务对象的需求。除非是极个别的情况，否则我们不提倡使用这种方式，我们还是希望通过提高治疗师和其他工作人员的技能，提升为服务对象提供服务的质量（Reid, 1998; Reid, Parsons, & Green, 2012）。

首先是转介

在通常情况下，公司可能会向奥布里·丹尼尔斯国际（Aubrey Daniels International）或 ALULA 这样的行为咨询公司寻求建议。但是，作为一名刚毕业的认证行为分析师，如果你已经学习过绩效管理的课程，开展过一些项目，你可能会希望和你的注册行为技术员、实习生、认证助理行为分析师团队一起承担一个项目。从根本上说，你将自己给自己做转介[①]。在公共服务中的绩效管理可能涉及注册行为技术员不遵循行为计划，或没有正确记录数据的问题。问题也可能出在认证助理行为分析师身上，他们没有很好地督导他们的实习生，错过了预约，没有给出明确的反馈，或没有做好记录工作。

[①] 原注：当然，你首先需要咨询你的教学总监，确保没有人反对。

接下来，精确定位

奥布里·丹尼尔斯（Aubrey Daniels, 2000）被认为是20世纪60年代中期绩效管理领域的开创者。他将识别实际的行为问题的过程称为精确定位（pinpointing），即将工作问题的模糊参照改为可观察、可测量的行为。对于"没有遵循行为计划"这样的问题，需要有可操作的定义，以便训练有素的观察者对此进行任务分析。对于"没有做好督导工作"这样的问题，则需要一份良好督导行为的数据清单，比如，最开始时的问候语、眼神交流、先表扬恰当行为，再简要描述当下要解决的问题。可以把脚本制成观察记录表，用于衡量督导行为的基线水平。

然后，进行测量

在实施任何绩效管理项目之前，都必须对当前的问题进行测量。通常我们将测量分为四种（Gilbert, 1978）：定性、定量、及时性、成本。在行为分析中，一项很重要的测量就是用协议完整性来测量所提供服务的质量，即治疗师是否严格按照要求的治疗方案进行治疗（关于这点，更详细的内容请看第6章）。行为分析中的第二项测量标准与服务对象的行为改善情况有关。它可能是对行为表现的定性描述，如语言习得或社交技能，也可能是对行为表现的定量描述，如自伤行为减少了多少或完成的任务数提升了多少。关于测量方面的进一步讨论，请见《绩效管理：改变推动组织效率的行为》一书中的第7章（*Performance management: Changing behavior that drives organizational effectiveness*, 5th ed., Daniels, A. C., & Bailey, J., 2014）。一旦你进行了精确定位，通过足够的基线测量确定了目标问题的稳定性和社会意义，下一步就是对精确定位做分析，看看是否能找到功能变量。这里我们建议使用基于马杰（Mager）和派普（Pipe）的故障排除算法（Mager & Pipe, 1970）的诊断方法。该算法由工业领域的企业管理者设计，算法中所包含的一系列问题可以帮经理找出绩效表现存在差异的原因。在马杰和派普（1970）的这个模型中，可能的原因包括技能不足，即员工是否接受过任务培训，还包括阻碍个人完成任务的因素，以及简化任务的方法。吉尔伯特（Gilbert, 1978）和肯特（Kent, 1985）也采用了类似的策略，贝利和奥斯丁后来对其进行了改进，并将其归纳为由少到多的干扰顺序（Bailey & Austin, 1996）。后来贝利又扩展了这些问题，并将它们应用于公共服务领域中（Bailey, 1998）。在应用环境中使用诊断性问题进行提问，已在公开发表的研究中得到验证（Ditzian, Wilder, King, & Tanz, 2015）。

12个诊断问题（Bailey, 1998）

1. 这个人是否知道自己应有的行为是什么，是否有明确的目标和目的？
2. 这个人是否掌握了这项技能，过去是否展示过该项技能？
3. 在完成任务的环境中，是否有对这个（应有）行为的具体辅助？
4. 认证行为分析师是否按照规定时数对这个人进行了督导，督导是否有效（请参阅第13章了解更多信息）？
5. 这名员工是否存在阻止这个（应有）行为的个人问题，需要接受咨询或临床治疗？
6. 如果需要设备，设备能否使用，是否得到了良好的维护？
7. 设计的任务是否高效，能否简化或取消？环境是否有利于提高绩效？
8. 执行任务时，是否会出现意料之外的、耗费精力的反应效应或反应代价？
9. 该行为能否产生观察得到、感知得到的效果，例如改变服务对象的行为？
10. 这个人的竞争性行为是否得到了强化，如打电话、查看邮件和短信？
11. 这个人是否从服务对象、利益相关方、督导或机构那里得到了任何形式的正反馈（口头、书面、图表形式）？
12. 该行为是否得到了内在强化，是否得到了任何有形的外在强化？

借助问题找到功能变量

以上每个问题的提问目的都是促使你进行探究，提出这些问题也意味着提出了解决方案。例如，如果通过第1个问题发现，没有为这个人规定明确的目标和目的，你就要确保这一点得到落实并记录在案。第5个问题表示，在采取任何强化干预措施之前，最好先确定实习生或工作人员是否有一些与经济、个人、情感或心理问题有关的困扰。如果有，则应移交人力资源部门处理。如果你通过第6个问题发现，设备问题给行为分析师的工作带来了困难，例如，要求他们使用的软件在iPad上无法正常启用，他们不得不用纸笔收集数据，那么你要确保尽快把设备修好，避免他们采取任何达不到同等效果的应急措施。如果你从第1个问题一直问到了第12个问题——第12个问题是一个关于激励的问题，就意味着有必要研究建立某种形式的内在激励。如果无法建立内在激励，就需要建立一种外在制度，如代币或积分制度，以奖励完成某些繁重任务的人。这种系统的建立和维护都很复杂，因此，在采用这种解决方案之前，请务必仔细思考前面 11 个问题。

功能性干预

这 12 个诊断性问题旨在辅助你寻找干预措施，干预措施的侵入程度从最低到最高依次递增，也就是说，要让注册行为技术员清楚地认识到，第一步应该采取的是低成本的干预措施，而不是设置代币或奖金制度来激励服务对象的表现。作为行为分析师，你应该能够根据标准的应用行为分析研究指南（Bailey & Burch, 2018），查看基线数据并确定是否需要干预（即行为具有社会意义，且数据稳定）。无论你选择何种干预措施，都应在实施过程中讲求诚信，并维护工作人员的尊严。

评估

作为认证行为分析师，你知道，执行所有干预措施前都必须进行评估。评估可以使用单一被试设计来完成，这很容易，单一被试设计非常适合对一个或几个治疗师的干预进行评估。如果你在干预之前已经获得了稳定的基线，那么你的下一个任务就是确定干预是否有效果，以及效果是否具有社会意义。由于这些问题是根据侵入性/复杂性/成本排列的，因此进入下一个级别意味着你需要付出更多的努力纠正问题。图 14.1 展示了采取一系列干预措施来提高服务对象培训质量的做法。在最初的观察中，

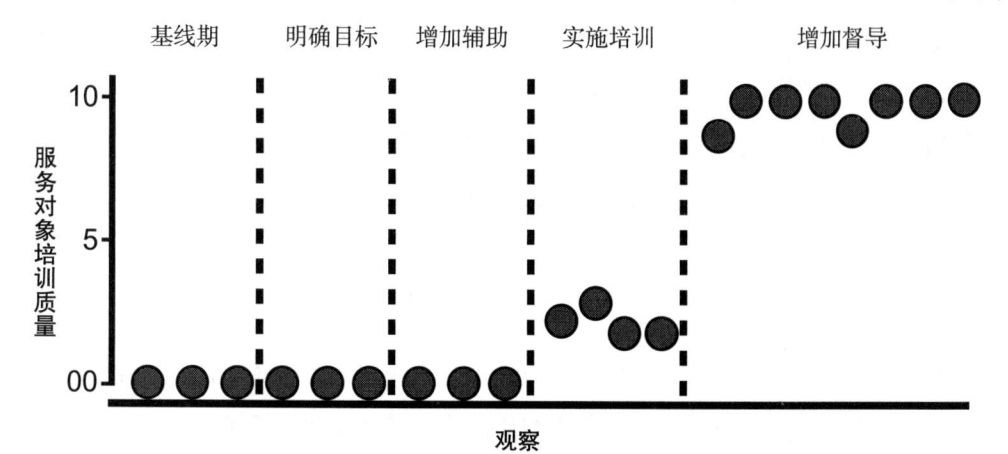

图14.1 该图显示了认证行为分析师针对治疗师对待服务对象的工作表现，进行测试的几种假设情况。从这些数据中可以清楚地看出，明确目标和增加辅助无法产生任何效果。只有在经过培训并加强督导后，质量才会有所提高。

质量得分为零。在明确目标后，没有发生任何改善，即使增加辅助也没有效果，但在实施培训后，开始有了小幅改善。该图还显示，影响最大的功能变量是在培训的基础上增加的有效督导。

年轻的专业人员（从业 3 ~ 5 年）

如果你在与注册行为技术员、认证助理行为分析师共事时能够越来越熟练地使用诊断性问题，就有可能防止你的公司出现绩效问题。提前设定你要向所有员工明确的目标，并针对每项任务对他们进行培训（很可能使用 BST），那么将来你遇到的问题会越来越少。教会认证助理行为分析师用好诊断性问题，他们将成为更强的培训师或督导。

职业生涯中期（从业 6 ~ 10 年）

当你达到这个专业水平时，作为管理者，你应该能够运用绩效管理的一般性方法，在整个组织内推行诊断性问题模式，以解决可能长期存在的大问题。例如，仔细研究人员流失的问题，确定其中的变量。仅仅给员工涨工资可能不足以改变绩效，尽管这往往是出现问题的组织首先尝试的方法。人力资源部门经常建议安排与要离职的专业员工进行面谈。这种做法的前提是，人们愿意谈论自己离职的原因。有些人离职的原因可能不在公司的掌控范围内，比如员工的配偶或伴侣在另一个州找到了工作。遗憾的是，有些离职原因可能让人听了不舒服。这些原因可能与他们的待遇不佳或得不到督导的支持有关，也可能与他们认为组织高层存在违反伦理的行为有关，还可能与他们对公司内部根深蒂固的裙带关系或复杂关系的持续担忧有关。对于这类组织失职的情况，需要对整个公司的伦理体系提出多种诊断性问题。

资深行为分析师

在这一领域工作了十多年之后——也许你一直在同一家公司工作，现在已经能够以广阔的视野看待行为分析领域和你的组织。你能够利用绩效管理的所有工具和诊断性问题背后的基本概念，就如何重组公司以优化绩效得出重要的结论。为治疗团队的所有成员设定目标；在工作环境中加入适当的辅助；从治疗师到教学总监的所有员工都应接受适当的培训,掌握他们需要的所有技能。不言而喻,硬件和软件设备的完好无损以及工作环境的安全无虞也是一种重要的支持形式。

最后,要求员工完成的任何任务都应有某种观察得到的结果,这种结果以一种自动反馈和强化的形式体现。

小结

本章介绍了绩效管理领域的知识。绩效管理源于过去 50 年间为提高人们在工商业中的绩效而发展起来的基本行为原理。经过针对公共服务领域的适用调整后,绩效管理可通过诊断性问题和一定的程序,如进行功能分析,帮助实习生、员工和其他工作人员提高绩效。

第 15 章　驻校行为分析师

珍妮弗·L. 奥斯汀博士（Dr. Jennifer L. Austin）

研究生毕业后的第一份工作

作为一名驻校行为分析师，你首先需要知道的是，在学校发生的问题中，几乎不存在无法通过行为分析找到解决方案的情况。事实上，几十年来，行为分析师一直对改善学生的行为习惯很感兴趣。就连 B. F. 斯金纳（1968，1984）也对用行为科学把课堂变成更有效的学习环境非常感兴趣。许多行为分析师在其整个职业生涯中都致力于行为分析研究，将其作为一种积极主动且循证的解决方案，应对当今教育工作者面临的许多挑战，包括帮助学业上有风险的儿童"迎头赶上"，提高学生在阅读和数学能力等关键学业能力方面的流畅度，开发可轻松融入学校常规的课堂管理策略，以及转变学校文化，为学生和老师创造更积极的环境等。

良好行为游戏（Good Behavior Game, GBG; Joslyn, Austin, Donaldson, & Vollmer, 2020）、直接教学（Direct Instruction, DI; Stockard, 2021）、流畅度的建立（fluency-building, Gist & Bulla, 2020）、积极的学生反应（Active Student Responding, ASR; Twyman & Heward, 2018）及学校范围内积极行为干预和支持（school-wide Positive Behavior Interventions and Supports, PBIS; Horner & Sugai, 2015），这些是行为领域的文献中针对学校的部分策略。鉴于教育领域的行为分析研究数量众多，在学校工作的行为分析师需要熟练掌握一系列策略，利用这些策略去解决他们遇到的大多数问题。可能你有幸在研究生课程中学过其中的一些策略，这会有助于你在学校工作。即便如此，你仍然需要阅读相关的文献，确保自己跟得上最新的研发策略。作为一名新手行为分析师，我们不期望你成为无所不能的专家。但是，随着专业水平的提高，你应该不断更新和拓展自己的专业技能。即使你是认证行为分析师，最好也能找到一名学校工作方面的专家同事，为你这位新手的工作提供建议和督导。

认清正确的目标

你的硕士课程和实习经历可能使你明白了在个人层面进行行为分析的重要性,个人层面的行为分析意味着要识别有重要社会意义的目标行为,对这些行为进行功能评估或分析,然后再实施和监控高度个性化的干预计划,以减少可能的阻碍成功的行为,增加有助于成功的行为。这是一种良好的、符合伦理的做法,当你为那些被行为限制了其学业成功的学生提供支持时,这种做法可以帮上大忙。但是,想象一下,现在你收到一个转介个案,这是一名一年级学生,名叫托马斯,海耶斯老师对他的评价是"我教过的所有学生中最有挑战性的一个"。你计划和海耶斯老师进行一次线人评估①,她提议在课间休息时间与你会面。你早早地来到教室,和正在上课的海耶斯老师微笑着招了招手,然后在教室后面找了一把小椅子,准备在会谈前先做一些观察。你希望通过这样的观察,为稍后讨论托马斯的情况提供一些背景信息,所以最好能亲眼看到他的一些行为。然而问题来了,你根本无法确认哪一个才是托马斯,因为眼前的教室里几乎所有学生都在或多或少地进行某种破坏性行为。你看到有些学生在教室里追逐打闹,有些学生在玩着与上课无关的东西,有些学生在互相扔铅笔,有些学生在发出滑稽的声音,还有一些学生在从椅子上"急速跌落"。在这个至少有 25 名学生的课堂上,只有极少数学生在专心听课(你不知道他们是怎么做到的),教室太吵了,吵到你觉得自己需要来上一片阿司匹林。在孩子们下课离开教室后,你终于有机会和海耶斯老师正式地打招呼,然而她对你说的第一句就是"如果不是要还房贷,我早就辞职不干了"。

希望在这个时刻,你能够意识到,你们的谈话不再仅仅是关于托马斯的了。你面对的是一名陷入危机的老师,她筋疲力尽,挫败感很强。你还面对着一整个班级的学生(包括那些在正确做事的学生),他们如果能在课堂上更安静、更有纪律,会收获更多。基于诸多原因,仅对托马斯开展功能性行为评估、实施个性化干预,这样的行为分析不会太有效。其中最主要的一个原因就是,这名老师显然已经不堪重负,很可能无法保证完整地执行行为干预计划。此外,想要在如此混乱的课堂环境中成功推进你的干预计划,无疑是难上加难。托马斯可能的确需要个性化行为干预计划,但是在此之前,你需要确保课堂环境有助于计划的顺利展开,保证班级范围内的干预能够解决托马斯的问题。因此,作为一名新手行为分析师,你应该具备在课堂管理方面提供

---

① 译注:informant assessment,由了解学生的人(老师、家长等)进行的学业相关能力评估。

指导和培训的能力。

熟悉良好行为游戏（GBG）将会在你应对类似海耶斯老师的情况时有所帮助。GBG基于相互依赖型团体依联，帮助老师牢记课堂管理的核心策略，如设定清晰的行为预期、对学生达到预期的程度提供一致的反馈，保证良好行为带来积极的结果。学生被分成若干小组，以小组为单位努力达到课堂要求（即遵守游戏规则）。按照最初版本游戏的设定，一旦小组内有成员违反了规则，小组就加一分，因此游戏的目标是得分越少越好。改良版本的游戏通常类似于追赶优秀游戏（Caught Being Good Game, GBGG; Wright & McCurdy, 2012），遵守规则的小组得分（即运用了DRO流程）。在GBGG中，率先达到一定分值的小组获胜。无论是GBG还是GBGG，它们的妙处都在于将策略打造成游戏形式，更好地帮助老师们牢记课堂管理要领。游戏可以（也应该）每天多次进行，也能够应用在不同的情境中（如操场、食堂）。值得注意的是，这两种游戏对不同年龄段的学生（从幼儿园到高中）都很有效，而且治疗的接受度很高。它们对程序完整性的影响也相对较小，因此对于在喧闹的课堂上上课的老师来说是很棒的选择。关于GBG的最新研究摘要，请参阅乔斯琳、唐纳森、奥斯丁和沃尔默的论文（Joslyn, Donaldson, Austin, & Vollmer, 2019）。关于GBG的临床使用指南，可以参见乔斯琳等人的论文（Joslyn et al., 2020）。

虽然作为课堂管理教练磨炼自己的技能对你的咨询工作至关重要，但也要记住，良好的课堂管理并不能完全确保拥有高效学习的环境。如果指导不佳（教学效果不佳），那么即便是在管理良好的课堂中，也无法帮助学生们发挥他们的潜能。虽然影响教学效果的因素有很多，但让学生们都参与课堂是必要的。积极的学生反应（Active Student Responding, ASR, States, Detrich, & Keyworth, 2019）和流畅度的建立策略是学校咨询技能库中的重要组成部分。比如，反应卡片（ASR中的一个策略）能辅助所有学生对老师的问题自发做出回应。学生们可以在自己的小白板上写下答案，或者使用不同颜色的卡片给出多选题的答案。有的高科技应答器也可用作反应卡片（通常指教室反应系统之类的设备；Fies & Marshall, 2006），能针对老师的电子白板或PPT演示中的问题，直接以图表形式呈现学生们给出的答案。与传统的举手回答问题的方式不同，反应卡片为所有学生都提供了回答每个问题的机会，而不是只能有几名学生回答。这种方式的优势很明显——回答问题的机会越多，学习的机会就越多。同样重要的是，通过这种方式，老师也获得了实时反馈，知道哪些学生有困难，可以在这些学生独立完成课堂任务或课后作业之前，就为他们提供学习支持，而不是等他们犯错以后。

改进现有的做法

在你的驻校工作中，很可能会遇到一系列与你在研究生时期学到的策略相近的做法。例如，许多学校会使用某些形式的代币经济（token economy）来激励学生或进行行为管理。但是，你可能发现这些策略在使用方法上存在一些错误，导致它们的效果大打折扣。这些错误可能是由于在获得代币方面缺乏明确或一致的规则，过度使用反应代价，或是在获得后备强化物①上有很长时间的延迟，或是代币的奖励毫无规律。动因操作、依联、预估刺激的强化效应方面的有关知识，可以帮助你对代币经济的使用进行调整，使其发挥最大作用。有的时候，不需要进行无谓的重复。直接在现有策略的基础上提出改进建议，就可以免去推行另一个新系统的麻烦，因为新系统往往需要更多的培训和资源才能被启动。

另一个你可能在学校里见过的策略是罚时出局（time-out）。虽然对于罚时出局策略的研究已经有数十年的历史，但近年来，聚焦于改进罚时出局策略使用方法的研究再次兴起。例如，一些学者研究发现，当学生同意立刻离开时，缩短罚时出局时间可以减少不遵守罚时出局时间的情况（Donaldson, Vollmer, Yakich, & Van Camp, 2013）。他们还发现，以没有问题行为作为解除罚时出局的条件，并不比允许学生在到时间后离开更有效（即便这些学生在罚时出局期间表现不佳，Donaldson & Vollmer, 2011）。综上所述，这些研究表明，我们可以使用罚时出局的策略有效减少问题行为，同时限制学生罚时出局的时间，从而腾出更多时间开展有意义的课堂活动。更多相关内容，请参见有关罚时出局策略的最新研究综述（Corralejo, Jensen, Greathouse, & Ward, 2018）。

跨越障碍

在学校工作的行为分析师可以极大地增强学生的自信心。看到学生学得更好，帮助备感压力的老师重拾信心和对教学的热爱，这些都令人备受鼓舞。然而，你也要做好准备，应对学校在你通向成功的职业道路上设置的重重障碍。你可能会遇到的最大

---

① 译注：backup reinforcer，后备强化物，任何可当作强化物且可用代币换取的物品、活动或特权。

障碍是，学校采取的教学方法或促进积极行为的方式并不总是基于可靠的证据。学校的决策者可能更信奉教条或更容易追随最新的教育热潮，而非那些可信的、经过同行评议的研究。他们可能对于什么是好的研究与你有不同的见解，也可能将从个案研究中得出的结论等同于随机控制组研究提供的证据。在这种情况下，把证据作为使用行为分析策略的理由的呼吁往往被忽视。

另一个障碍是，老师可能很难认识到对行为进行重复测量的价值，而这正是行为分析研究和实践的支柱。老师习惯于对学生的表现进行评估，但他们的评估通常不是对行为的实时记录，而是采用永久性产物。面对现实吧——老师们根本没有时间像行为分析师那样记录行为数据，所以当你发现留给老师的部分时距记录数据表从未完成的时候，不要失望。

大多数老师都知道循证实践的重要性，但他们在师范教育课程中可能没有学过如何辨别出优秀的证据。你可以跟他们分享一些与你提出的策略内容相关的文章，帮助他们学习这项技能，但这些文章要有选择性。老师们都很忙，所以不要扔给他们一份长长的参考文献清单，也不要给他们发送一篇你自己都要读好几遍才能理解的文章，这样只会加重他们的负担。文章要简单一些。或许你可以只选择一篇文章，把最重要的部分标记出来——这部分内容有助于你在他们的课堂上做安排，或针对某个学生做安排。如果你希望老师收集行为数据，辅助评估治疗效果，那么这件事也要简单明了地告诉他们。有些时候，直截了当的测量（例如，每节课结束时进行瞬间时间抽样）会好于一个从未使用过的更精确的数据收集体系。当然，老师的数据收集工作不能取代你正在进行的持续监测，但它可以成为干预效果评估的一个非常有用的部分。此外，一定要与老师共享你的数据，以便向他们示范如何基于数据进行决策。

还有一个你需要很快就学会跨越的障碍是，干预措施执行过程中的失控。你在学校的角色可能是一名顾问或教练，因此你会把策略的执行权交给老师或助教。然而遗憾的是，几天后你再回来时，很可能会发现你制订的策略被执行得面目全非，沮丧的老师还会向你反馈这些策略没有用——这种情况并不少见。

作为行为分析师，我们知道行为的改变需要时间。然而，对于急于改善学生行为和提高学生成绩的老师来说，期望一种策略迅速奏效并不现实。如果老师使用了你的策略，却没有看到立竿见影的效果，他们很可能就不再使用这项行为干预的策略了。停止执行会产生反应变量，这也是你原原本本的策略被添加了很多额外成分的原因

（也可能是减掉了某些必要的成分）。当然，有时候老师们也会就如何调整策略提出很好的建议，使策略更有效、更符合情境。然而，关于改良策略的讨论应该在计划阶段进行，而不是在老师独自决定使用它们之后。在计划干预措施时，采纳老师的建议（以及她不容妥协的意见）将有助于促进其认同和接受该干预措施。有时候，和老师一起讨论后制订的干预措施，跟你一个人独自制订的措施并不完全一致。重要的是要关注计划的可行性和老师的接受度，因为他们才是实施这些策略的人。若干预计划不能被顺利地执行，设计再好的干预也是徒劳的。

保证干预顺利实施，还意味着你必须是一名出色的教练。确保你的游戏方案是用简单易懂的非技术性语言表述的，并且包含了任务分析以便实施。还要考虑编写一份故障排除指南（即如果出现某种特定问题，请执行某种操作），这样，老师在遇到一些常见问题时，也可以将计划继续执行下去。花时间和老师面对面审核该计划，而不是通过电子邮件联络，在邮件里叮嘱老师有问题时与你联系。考虑使用行为技能训练时，如果条件允许，最好在计划执行的第一天亲自到教室去，指导老师进行初步的操作。

还有一个障碍值得注意，那就是在教育中普遍存在对行为分析的抵制。尽管行为分析师为学校环境的改进做出了巨大的贡献，但认为应用行为分析在现代教育中不应有立足之地的学校职员仍然并不少见。这种时候，与其采取防御措施，不如先深呼吸，然后听听他们怎么说。通常你会发现，他们对于行为分析的看法来自对我们学科及其伦理应用的根本误解，还可能来自以往与行为分析师共事的经历，那位行为分析师总漠视他人的想法，算不上一位好的教练或团队伙伴。你不要重蹈覆辙，犯相同的错误。记住，在学校工作的你就是行为分析学科的形象大使，他人对行为分析的看法可能取决于对你的看法。

年轻的专业人员（从业 3～5 年）

现在你已经积累了一定的经验，可能在解决个人和课堂中的挑战性行为方面积累了大量的数据（和故事）。你可能也吸取了一些关于哪些事情不能做的教训，提高了自己解决问题的能力。总而言之，你可能已经具备了处理更多问题的能力。虽然你可能还在继续为个别老师提供咨询，但你也准备好了，可以为老师团队或整个学校提供大规模培训。在尝试开展大规模的培训之前，积累更多的一线经验是个不错的策略，因为它能让你做更充分的准备，以数据为基础回答培训中老师们可能提出的各种问题。

职业生涯中期（从业 6 ~ 10 年）

在从事学校咨询的头几年，你可能会发现自己在工作的大部分时间里都像一名消防员。换句话说，你的大部分时间都花在解决问题上而不是预防问题上了。积累了更多的行为分析技能后，你就能够在学校推动更多系统性的变革了。也就是说，你会具备足够的技能和经验，将消极的校园文化转变为侧重预防和更有效利用资源的文化。学校范围内积极行为干预和支持（PBIS; Horner & Sugai, 2015）中有指导实施这类变革的内容。

基于公共健康模型，PBIS 框架是由这样的假设发展而来的：全体学生都会受益于在学校范围内实施的预防策略。这些策略包括对行为设定明确的期待，提供高质量的系统以正向强化这些行为，使用有实证支持的教学策略，以及搭建良好的家校沟通体系。总而言之，这些预防策略被称为一级干预。经过一级干预仍然存在问题的学生将接受更高层级的二级干预，第二层级提供更专注、基于证据的针对特定问题的干预。例如，学生可能要接受社交技能培训、学习辅导，或老师使用签到/签退系统，得到更有针对性的期望、反馈和强化。经过一级干预且学习需求无法通过二级干预得到满足的学生将接受更高层级的三级干预，第三层级使用功能性行为评估和高度个性化的干预计划。然而，通常只有不到 5% 的学生才会需要接受三级干预。由于你在改善课堂和个体干预策略方面有着丰富的经验，在帮助学校建立多层支持系统方面会处于主导位置。

资深行为分析师

越到职业生涯的后期，你直接参与课堂工作的时间就会越少。你可能会组织一个大型的认证行为分析师和注册行为技术员的团队，为多个学校或学区提供咨询和干预支持。因为你拥有高效、专业和乐于助人的名声，学校领导会前来寻求帮助，希望你能帮助他们改进处理问题行为或促进学生成功的方法。另外，务必注意不要与老师和学生的日常经验脱节。你最好自己接手一些案例（而不是将案例全都委托给你的团队），这样可以保持对老师和学生的重要问题的密切关注。

小结

本章描述了一些方法，能够帮助在学校工作的行为分析师改善学生及老师的表现。虽然处理问题行为的策略有许多，但课堂中的问题行为依然非常普遍。老师们会感觉自己终日淹没在无数的行为问题中，不堪重负。而且受苦的不仅仅是老师，有行为问题的学生也面临学业成绩不佳的风险，这些持续性的干扰也会对班级中的每个人都产生不利影响。虽然以往的行为分析文献提供了大量有效的策略，但对所有的行为分析师来说（无论经验多少），学校都是个充满挑战的环境。学校的决策很少基于数据，且关于学生该如何学习的普遍观念可能会对行为分析策略的实施和计划的完整执行造成阻碍。我们的工作倡导的是，把循证实践作为学业和行为问题的解决方案。

第四部分

重要的工作习惯

一名认证行为分析师在硕士毕业并工作了七年后，去拜访了她的大学教授。

我非常喜欢我们的硕士项目。教职人员和其他同学都很优秀。做第一份工作时，我觉得自己之前在应用行为分析方面接受了很好的训练，真的非常感谢您。但如果要提供一些反馈的话，我认为我在学校里没有学到的部分，是专业行为分析师必备的一些软实力。初入职场时，我在时间管理上需要很多帮助，在做公开演讲时会因为太紧张而颤抖——可能因为之前在学校里，话语权一直是由教授主导的。

除此之外，如何成为一名值得信赖的专业人员，如何与其他行为分析师沟通并成为团队中强有力的一员，这些方面我都需要指导。在刚开始工作的头几年，有许多事情要做，有许多东西要学，我想如果我在上学期间，能够在就业指导课上学到一些应对压力的小技巧，会对处于职业生涯初期的我很有帮助。现在我在这方面有了较多进步。

再次感谢您教给我的一切，能成为一名行为分析师真是太好了。

第 16 章　以行为学的方式管理时间

每天花上 5 分钟来给这一天做计划。

——布赖恩·A. 艾瓦塔（Brian A. Iwata）

研究生毕业后的第一份工作

行为分析师们每天都非常繁忙，需要应对他人提出的大量需求，这些需求来自服务对象、利益相关方、老师、家长、行政人员、公司高管，以及其他想要改善服务对象生活的人。通常，行为分析师的一天可能从与校长的早会开始，共同讨论一名虽然有完备的个别化教育计划（Individualized Education Programs, IEP）却迟迟看不到进步的学生。紧接着，她要赶去为一名老师提供咨询服务，这名老师还不太理解新的行为计划。而在此期间，她的手机震动了三次，意味着她要在稍后的休息时间里（可能是在开车去服务对象家的路上）回复她督导的一名新手注册行为技术员的信息。这样的日程周而复始，行为分析师总是行色匆匆，忙着避免在上门服务的路上因为交通堵塞而迟到，忙着防止服务对象的行为失控。这份工作还要求他们及时记录付费时数，执行无数次督导，为学校 IEP 团队做演示。

学会安排日程对于优秀的行为分析师来说是一项必备技能，然而现实中总会有许许多多计划外的状况发生。当你在一天结束后回顾当天的事项时，你回忆起和校长的半小时会议进行得很顺畅，因为你给出了她所需要的建议，让她知道该如何对待没有反应的孩子。在认证助理行为分析师发来的一条信息后面，你给他推荐了一篇刊登于《应用行为分析杂志》的文章，为你们新的行为改变干预提供支撑。朋友想约你下班后见面，但你不得不拒绝她，为此你觉得很遗憾。虽然这次见面肯定能给你带来很多快乐，但它来得实在不是时候，因为第二天你必须提交一份重要报告，这份报告涉及服务对象的拘留情况，提交了之后你才可以出庭作证。

时间管理的核心技能

基本的时间管理应该包括以下五项关键技能（Spica.com）。

1. 做计划

对于行为分析师来说，做计划通常从制订一份周计划/周日程表（见图16.1）开始，在上面标注你预约的事项、例行会议、督导访问、文书工作截止日期，以及新安排的会议等。然后再详细计划每天的日程细节，如参加会议的成员，会议地点、主题、起止时间，以及从你的所在地到会议地点的路程。如果上门服务对象偶尔取消了预约，你需要另外计划补上这次的治疗时间。

四月

	4 周一	5 周二	6 周三	7 周四	8 周五
8:00					
8:30	凯蒂的治疗		与教学总监的会议		佐伊的个别化教育计划会议
9:00		米歇尔的个别化教育计划会议			
9:30				有关新服务对象的会议	
10:00	米歇尔的治疗				
10:30					
11:00					
11:30			科迪的家长培训		
12:00	科迪的家长培训			对注册行为技术员詹姆斯的督导 Twin 1	与研究生的团体督导会
12:30		对新来的服务对象佐伊的观察			
1:00			安德鲁的治疗		
1:30					
2:00			安德鲁的一对一干预，以及注册行为技术员培训		
2:30	安德鲁的一对一干预				
3:00		对新来的服务对象佐伊的观察		对注册行为技术员詹姆斯的督导 Twin 2	科迪的治疗
3:30					
4:00					
4:30					

图16.1 该图展示了一周的待办事项和会议日程。

2. 做决策和排列优先顺序

在这个方面，我们推荐戴维·艾伦（Allen, 2015）开创的个人时间管理系统

（Getting Things Done, GTD），稍后会详细介绍。基本来说，你需要处理每一个电子邮件、电话和即时信息，并确定是否需要立即采取行动，是否需要将其转交给其他人处理或择日再处理，或者是否根本不需要回应。由于大多数决定都会涉及人类行为，因此，在决定如何回应以及何时回应时，你排列的优先顺序可能至关重要。对当下情况进行快速评估并清楚地想好应对方式，是专业行为分析师工作的一部分。在问题家庭做治疗的苦恼的注册行为技术员打来的紧急电话可能会优先于与教学总监的例行会议，周末收到的一些电子邮件可以等到周一再回复。

3. 设定边界并学会拒绝

告诉你的服务对象，你在非工作时间是不接电话的，这就是一个设定边界的好例子。电话不光来自服务对象，还可能来自你的同事、下属和管理者。虽然你需要设定边界，但在休假期间，你应在你的语音信箱或邮件的自动回复中设置"如有紧急情况找（顾问姓名），请拨打以下号码……"这样的信息。你的督导和某几位特定的同事可能会有你的电话号码，或知道能通过什么方式与你取得联络。

服务对象和利益相关方经常希望和他们的行为分析师处好关系，以便得到更多的个人服务和额外的好处，比如婚姻咨询，他们甚至可能希望获得费用的减免。督导对象希望和他们的督导成为朋友，以免督导反馈他们的治疗技能时过于严肃认真、不留情面，或希望减轻对他们的错过治疗的批评。面对"你能来参加我的婚礼吗？"这种友好邀请，"你可以把车借给我吗？"这种私人请求，或是"你想做一场千载难逢的房地产交易吗？"这种可疑的商业邀约时，你应该学会说"不"。这是对你的人际交往技能的一项测试，也就是熟练运用自动附加（autoclitics）[①]的能力（Skinner, 1957, Ch.12）。正如斯金纳详细描述的那样，你（讲者）对特定短语的使用方式将会给听者带来不一样的反应，例如："非常感谢您对我的信任，希望我为您伴侣的行为给出一些意见，但我没有资格这么做，这超出了我的执业范围。"或"我很抱歉，但我目前在遵照医嘱进行低碳饮食，而且我不吃糖。不过我很愿意为女童子军组织[②]捐款。"

[①] 译注：自动附加是一种次级语言操作，其中讲者自身语言的某方面成为引发讲者其他更多语言行为的区辨刺激或动因操作。

[②] 译注：女童子军组织（Girl Scouts）为美国慈善组织，通过露营、社区服务和学习救护知识培养女孩诚实、公正、勇敢等优秀品质。

4. 委派任务

学会如何向下属委派某些特定任务，将会让你有更多时间完成你的主要任务。可以教注册行为分析技术员绘制数据图表，训练认证助理行为分析师对实习生进行日常督导。这样你就能腾出时间去处理与服务对象相关的严重行为问题，这些问题需要对当前的研究和计费代码（billing codes）有较高水平的理解。但你不能将他们无权执行的工作委派给他们，例如撰写行为计划、培训家长或实施评估等。

5. 建立自己的时间管理体系

熟习了 GTD 系统或其他类似的系统后，你需要采用其中与你的工作类型和理想的生活方式相适应的那些功能。以 GTD 系统为例，它的设计前提是，使用对象在繁忙的办公室里伏案工作。而行为分析师的工作却恰恰相反，大家的工作场所通常不是固定的，很可能随时随地找一个安静点的地方，就打开笔记本电脑处理文书工作（现在这项工作已经数字化了）。一天中的大部分时间都在和服务对象、利益相关方、督导对象打交道，而做决策、确定优先顺序、设定边界和委派任务很可能都是在匆忙赶路的途中完成的。你可能需要先将你的决定和日程变动做成语音备忘，日后再抽空整理。

以行为学方式管理时间

艾伦的 GTD 系统涵盖了时间和项目管理的所有重要方面，我们强烈推荐所有的行为顾问新手都去看他的书。但对于那些对工作动因感兴趣的行为分析师来说，有一个关键点没有被囊括其中。艾伦假设完成任务本身即是自然强化物。对于大多数人来说可能的确如此，但如果人们面对的是无聊、艰巨、没有成就感的任务，就需要有其他一些东西来维持动因，例如后果（consequence）。为了填补这个空白，我们建议你使用一个你肯定已经很熟悉的基本行为程序——普雷马克原理（Premack Principle）。简单来说，这个原理（见图 16.2）说明了高频行为（喜欢的行为）会强化低频行为（不喜欢的行为）。在一周中，作为行为分析师，你的工作会涉及督导实习生、注册行为技术员和认证助理行为分析师，还可能会涉及对少数服务对象直接进行非常结构化的治疗（见图 16.1 和 16.3）。你在周末也不能完全放松，时间总会被一些日常琐事和需要分配的案例所占据。使用普雷马克原理能够帮助你完成这些"不太有趣"的任务，否则你很可能会把任务往后拖。养成将完成任务与强化性事件匹配的习惯，会给你带来很大的满足感，比如，将支付账单或打扫车库的任务与园艺工作或和你的朋友们出去吃比萨之类的强化性事件相匹配。

我的自我管理计划
普雷马克原理

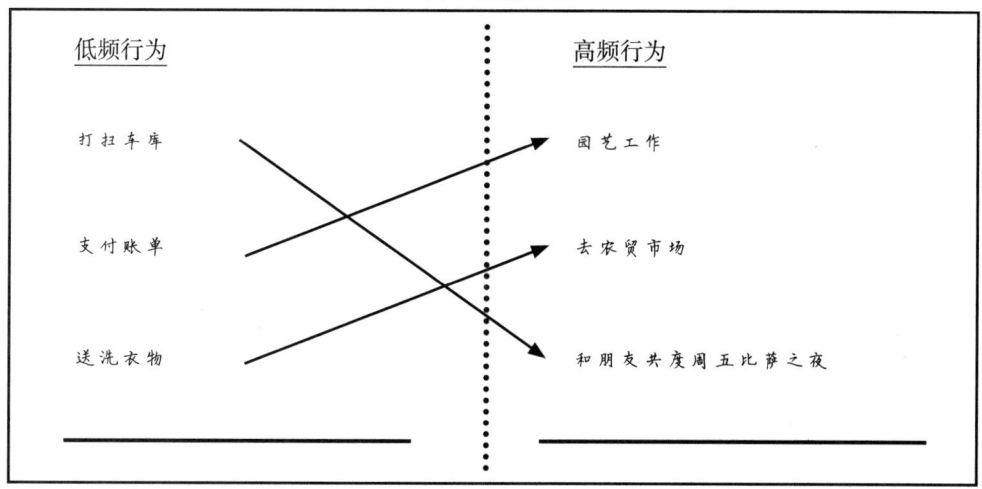

低频行为	高频行为
打扫车库	园艺工作
支付账单	去农贸市场
送洗衣物	和朋友共度周五比萨之夜

图16.2 该图展示了使用普雷马克原理来强化日常活动的例子。

2022年4月13日，周三

今日待办	预约&会议	工作记录	时间	开销
☑ 完成克莱的情况更新	米歇尔的个别化教育计划会议 8:00-10:00	会议 8:00-10:00	8:00 9:00 2小时 10:00 30分钟 11:00	给新服务对象的一些补给
☑ 输入/检查米歇尔的数据	与科迪的看护人/利益相关方会面，讨论进展情况	会议 10:30-1:30	12:00 1:00 2:00 30分钟	
☐ 完成RBT的反馈表	与新来的RBT珍妮特会面	行政管理 2:00-2:30 居家督导 3:00-4:00	3:00 4:00 1小时 5:00 6:00 7:00 8:00	

图16.3 该图列举了一名认证行为分析师的待办事项清单以及一日服务计划的备忘。

我们还建议你每完成待办事项中的一项任务，就在这项任务前面做一个独特的标记，这样，在一天结束时，扫一眼日程表就能清楚地看出你完成了多少任务。

年轻的专业人员（从业 3 ~ 5 年）

如果你已经选定了一个对你有效的时间管理系统，你会明白，这对你成为一名成功的专业人员有多重要。通过使用时间管理系统，你会发现你的压力在随着各项任务的完成而减小。你还能够充分享受闲暇时光，因为假期里不再有待办任务缠身。现在，是时候当一个毫无保留的榜样，向你的注册行为技术员和实习生示范你的时间管理术了，再制订一个方案，教他们如何明智地进行时间管理。作为一名督导，你可以要求你的督导对象和实习生制订待办事项清单，规划每日的任务（Gawande, 2009），还可以指导他们在休假时运用普雷马克原理。在督导过程中，你可以让督导对象记录你的反馈，并在下一次督导前，将你的意见和建议以条目的形式列出，便于你提供指导。如果督导对象可以证明自己已经掌握了某一条建议，你就提示他们在清单上打钩，表示他们做到了。

职业生涯中期（从业 6 ~ 10 年）

到了职业生涯中期，时间管理将成为一种自然而然的习惯，你几乎注意不到它的存在。在周日晚上，你会发现自己正在查看月计划和周计划，以确认每天的进展以及需要达到的目标。因为你现在可能已经在组织中担任中层管理或更高级别的职务，你参加或主持的会议会对更多人产生重要影响。你的时间安排无疑将面临更大的挑战，而你在不得罪人的情况下转派这些任务的技巧也将大大提高。在这个阶段的最大变化，是你需要不断地详细规划自己日程安排，并将任务委派给你督导的下属们。

资深行为分析师

在任何组织中，当你达到这个级别时，时间管理在很大程度上就变成了另一件事，你需要确定事情的优先顺序和做出集中决策。你的时间非常宝贵，因此公司可能会为你配备一名助手，协助你管理行程安排，做好把关，这样，你就只须处理公司最重要的决策问题了。作为 CEO 或董事会主席，你的助手会提醒你参加即将召开的会议，准备必须在截止日期前完成的报告审核或在会议上发表的演讲稿。

小结

本章介绍了时间管理的相关内容，介绍了忙碌的行为分析师安排工作的各种方法，这些方法可以最大限度地提高他们的工作效率。我们对五个关键能力因素做了较为详细的解释。主要内容包括做好整体日程规划，仔细整理每周或每月的日程表，以精简高效的方式开展工作，设置边界，学会对妨碍你完成主要目标的请求说"不"。另外两项建议包括将任务委派给其他能够支持你工作的人，以及建立一个适合你个人风格和职业目标的个性化时间管理系统。此外，还举例介绍了拥有多年经验的专业人员是如何管理自己的时间的。

第 17 章　成为值得信任的专业人员

> 信任的建立需要很多年，信任的破坏却只需要几秒钟，而信任的修复则需要漫长的一生。
>
> ——匿名

研究生毕业后的第一份工作

一名应用行为分析专业的一年级硕士研究生正满心期待即将开始的实习，满腔热情地准备学习新技能。她很渴望见到她的临床督导，这位督导拥有出色的行为技能，并承诺向她传授成为一名成功的行为分析师所需的一切知识。第一次与临床督导会面时，她满怀激动。督导在会面一开始就告诉这名学生，她需要调整自己的学习日程安排，以配合督导的安排。之后，她被告知自己将从下周一开始接受培训、接受督导的观察，以及一周得到一次反馈。这是个好消息。毕竟，这位行为治疗督导拥有 15 年的相关经验，几乎能解决所有问题，声名远播。周一到了，督导比约定的时间晚了三十分钟冲进房间。他不假思索地说道："我今天真的没有时间和你一起工作。让我看看你会做什么吧。"在接下来的"督导"中，他全程都在手机上看邮件、回邮件。这次治疗结束后，他说了一句"你做得很好"，其他什么话都没有说。接下来的一周，督导要求这名学生比约定的时间早五分钟到，并告诉她自己准备取消这次督导，还嘟嘟囔囔地说他的妻子不在城里，他得"带发烧的珍妮去看医生"。再后来的一周，督导自始至终压根就没有出现，甚至连电话都懒得打一个。学生给督导发了短信和邮件，也没有收到回复。又过去了两周，督导毫无音讯。这个学期已经过半了，而这名学生还没有接受过任何培训，也没收到过督导的任何反馈。在第八周，督导准时出现，问了句"进展如何？"接着又拿起手机打了两个电话。他没有对自己之前的缺席表示歉意，也没有做任何解释。他走出这栋大楼，对学生说"好吧，下周见"，然后就又匆匆离去。

遗憾的是，这是一个真实的故事，故事中的督导似乎在竭尽所能、积极地建立一种破坏信任的关系。他的缺席或迟到可能有着非常充分的理由，但从学生的角度看，她理所当然会对这位督导失去信任。

取得信任

取得信任并非易事，它需要长期的努力。要想获得他人的信任，你需要表现出稳重、始终如一的气质，并且诚实可靠（哈佛商学院出版社，Harvard Business School Press, 2005）。"相信我"可能是我们的文化中最被滥用的表达方式，当然，它常常也是一个致命的信号，表明说这话的人肯定没有得到信任。真正的信任是你在与同事和服务对象的日常活动中逐渐赢得的。与别人约定在某个时间见面后，除非天气非常糟糕，你都会准时出现。信任你的朋友向你倾诉他现在的处境与苦恼，而你就算被人问起，也绝不将他的秘密透露出去。表明坚决支持循证疗法的立场后，无论服务对象如何向你施压或恳求，你都拒绝认同流行的治疗方法。

每个办公室里好像都有一个爱开玩笑的人，为了博众人一笑，他什么话都说得出口。这种人发表的不当言论可能是粗鲁或不顾及他人感受的，他们通常会在说完后这些话后加上一句"开个玩笑"。这种爱开玩笑的人可能会让人觉得有趣，让工作气氛变得轻松，但他们不太可能得到周围人的信任。开玩笑没有节制的人往往被认为是爱说闲话的、古怪的、爱搞恶作剧的和轻浮的，他们偶尔做出的承诺和表达的诚意也不会被他人认真对待。对于希望成为值得信赖的专业的行为分析师的人来说，与此相关的一句谚语是"观其友，知其人"。

开始建立信任

要成为值得信赖的专业人员，第一步就是要能识别出这些为数不多的人身上的特征。一位值得信赖的专业人员，在与他人交往时诚实，在评估困难状况时公正（即不带偏见，不做评判），不指责他人，而是运用行为分析技能，找到对各方都公平的解决方案。如果用行为学术语来解释，我们所说的值得信赖的专业人员，指的是对现有证据做出回应，并在这方面始终如一的人。从主观上来看，可信赖的人稳重、冷静、矜持、审慎、考虑周全、始终如一、可靠、守口如瓶、忠诚，且坚定不移。如果你环顾四周，问问自己"我的同事中有哪些人具备这些特质？"或许你就会朝着正确的方向前进。一旦你发现了值得信赖的人，你就会想去找他，观察他在各种情况下的表现——如果可能的话，与这位专业人员建立联系。这些值得信赖的专业人员很可能处于领导地位，有着相当高的知名度，他们的日程一定排得很满。如果你不想惹他们讨厌，也不想讨好他们，则最好的策略是在一旁默默地观察他们如何处理困难情况。如果你能成为这个人的工作团队中的一员，近距离了解这个人如何看待世界、如何处理问题，你就能学到很多东西。

信任

布雷西在他那本伟大的小书《建立信任》(*Building Trust*, Bracey, 2002）中概述了五个步骤（这五个步骤的英文首字母可以简写成 TRUST）。他指出，专业人员可以采取以下步骤来建立信任：

- 透明化（Be Transparent）
- 给予回应（Be Responsive）
- 关心他人（Use Caring）
- 以诚相待（Be Sincere）
- 值得信赖（Be Trustworthy）

透明化

布雷西认为，要让他人信任你，就必须让他们看到你是如何思考问题的。让周围的人"容易读懂"你。如果你提出的建议完全是突发奇想，与之前的想法或建议毫无关联，那么他人很难信服你的逻辑或判断。所以，能够有逻辑地说出自己对问题的思考[①]，让听者知道你的每一步思考都合乎逻辑、合乎情理，是令他人对你产生信任的好方法。你不必把这种方法用在你所有的想法上，但在开始阶段，在你努力建立自己的信誉时，这样做肯定会有所帮助。

建立信任的第二种方法是在与他人交往时，展现出"容易被读懂的行为"（Bracey, 2002, p.20）。布雷西说，让他人看清你对事情的感受将有助于建立信任，因为他们知道了你的立场，便不会对你之后的决定感到惊讶。巧妙地让他人知道你对项目进展情况的态度（满意/不满意），可以为他们纠正错误提供所需的信息。当你的决定和你那些可被读懂的行为相吻合时，他们会尊重你、信任你。拥有一张扑克脸的

[①] 译注：think aloud，即凭借出声的言语组织自己的思维过程，表达自己的思考结果。

管理者会让每个人都感到不安,因为大家不知道自己和这个人的关系如何。信任也来自在关键会议上表现出的战略性开放态度。

给予回应

布雷西坚持认为,信任还来自给予周围人的回应,即以建设性、主动和关切的方式给予反馈(Bracey, 2002, p.23)。我们通常认为反馈是改变他人行为的一种方式,但布雷西对此却有不同的看法,他认为如果反馈的目的是帮助他人,那么反馈所带来的结果就是让他人逐渐信任你。给予积极的反馈会改变行为并建立信任。若从更广泛的角度来思考我们给予反馈的原因,就会发现布雷西的观点是完全正确的。塑造一个人的行为,实质上是在说:"我准备对你的未来进行投资。我知道你有潜力,我看到你在努力,我准备帮助你获得成功。你是值得得到反馈的,我相信你能改进服务对象的生活。"作为行为分析师,我们常常忽略了对周围人给予积极反馈的重要性,也就因此错失了建立信任的机会。

关心他人

要赢得同事的信任,就必须注意社交中的细微之处。你对同事的问题、评论或演讲的反应方式,非常影响他们对你的信任。倾听对方讲话时与对方有眼神交流,转述对方的话,不打断对方的发言,这些都是认可他人并建立信任的方法。注意自己的言辞,对方的同事或上司在你们旁边时,不要让对方为难,这是建立信任的一个重要举措。相比于说"你把我搞糊涂了,我不知道你在说什么",说"我很困惑,你可以再说一遍吗?"要好得多。戴尔·卡耐基在谈到这个问题时说"要给对方留点面子"(Carnegie, 1981, 2011)。如果对方确实感到困惑,给对方留面子就显得尤为重要,因为公开指责对方可能会破坏对方对你的信任。谨慎地选择你的言辞,让他人感受到你对他们的关心,这样,在未来你需要他们更加努力的时候,就会得到回报。信任你的人会为你出谋划策,因为他们知道你真心地欣赏他们的努力。

以诚相待

能够将自己的面部表情和肢体语言与自己的言行相匹配,是与周围的人建立真诚和信任关系的制胜法宝。而如果表现得不真诚，那么你为建立信任所做的一切努力都有可能会付诸东流。说出的奉承话明显缺乏诚意、即使不高兴也保持微笑、将"做得不错"等效果平平的话作为正强化物，这些都会被朋友和同事察觉，质疑你的诚意。托德·里斯利（Todd Risley, 1937—2007）被誉为行为分析领域的先驱和天才。他对这一领域的众多贡献之一是他在言行一致性方面的研究工作（Risley & Hart, 1968）。在里斯利的儿童早期研究中，他展示了通过塑造学龄前儿童的言行来教授他们说真话的方法。作为成年人，我们可以对自己使用同样的依联，向他人表明，他们可以相信我们，我们能做出正确的判断和决定。只有得到同事的信任，大家才会倾听你的意见，听从你的指挥。

值得信赖

被他人视为可信赖的专业人员也有一定的坏处。如果你同意去做某事，但没有去做，就会产生不良的后果。你的声誉将受到损害，你会失去一定程度的信任，而这种信任只有在将来的某个时间才能重新获得。一旦失去了信任，重新获取信任就需要一段时间，这个过程会很痛苦。行为会产生后果，这对行为分析师来说并不陌生，尽管我们倾向于以他人的行为而不是自己的行为来思考这个问题。每天做出的小承诺，会对你在他人的眼中是否值得信赖产生很大的影响。有人说"下班后我们一起吃晚饭吧？"这也算是一种赞赏，因为它表明邀请者希望在下班后与你共度一段时光。当你回答"好啊，去哪儿吃？"时，听起来就像你会赴约。但如果你无意赴约，这么回答邀请者只是因为不知道如何说"不"，那就挥霍了你的信誉。这种情况发生的次数多了，你就会背上不可靠的恶名。对社交敏感的人甚至会说你骗了她或让她难堪了，因为她已经告诉朋友你会赴约。行为分析师希望通过强迫自己在特定时间做出某些小承诺来建立信誉和信任。只要你能信守承诺，那么承诺的内容本身是什么似乎都不重要了。一个小的例子是，告诉对方："我会把那篇文章的 PDF 文件发给你。它存在我家里的电脑上，我晚上八点前发给你。"从大的方面来说，无论对方是今晚、明天还是下周收到这份文件，都可能无关紧要。但是，在建立信任方面，你承诺的这个时间绝对很重要。因为收件人可能会对准时收到文件感到惊讶。因此，无论是在生活中还是在工作中，如果你能与所有重要的人进行这种建立信任的练习，你会发现他们对你的看法与他们对其他人的是不一样的。

成为值得信赖的专业人员对行为分析师至关重要

对于许多人来说，行为范式是陌生的，与从事公共服务领域工作的大多数其他专业人员的范式是相悖的。我们可能针对一名在课堂上捣乱的二年级孩子有一项行为计划（他捣乱是为了引起老师和同学们的注意），包括对这名脾气暴躁的孩子进行惩罚[1]。这项计划与学校辅导员、学校心理学家和副校长的建议肯定是背道而驰的。因为他们对这类行为通常的看法是，孩子需要关注（"他只需要来我的办公室，和我谈谈他的问题"）、测试，或者纪律处分（"他只需要到我的办公室来，好好谈谈，也许还要停课几小时"）。如果在这所学校提供咨询服务的行为分析师想要获得老师和其他专业人员的认同，他就需要提前给自己积累一些信任（行为）。如果行为分析师没有被他人视为值得信赖的专业人员，就不会有人支持他提出的忽视轻微破坏性行为的方案，尤其是在这场争夺课堂控制权的战斗中处于风口浪尖上的老师。此外，如果行为分析师要求老师（他一点也不喜欢这个学生）对小达利斯持续使用对其他行为的差别强化（DRO），行为分析师很可能会得到这样的回应："只要小达利斯安静坐着就表扬他？在他刚刚那样叫过我之后？我可不这么想！"

赢得信任的策略之一，就是为需要帮助的关键性人物快速解决一些简单的问题。证明自己的办事效率，将极大地有助于解决信任问题。大家永远不会认可有一大堆借口的人，比如为什么你帮不了他们，为什么某项计划不起作用，为什么在紧要关头他们很难联系到你。如果你每天都在建立信誉和信任，就能获得实施有效计划所需的合作与支持。

年轻的专业人员（从业 3~5 年）

一旦你在自己的岗位上站稳脚跟，将自己打造成一个值得信赖的人，你就会发现，督导对象和同事都会自然而然地被你所吸引——这是因为你拥有值得信赖的良好声誉。由于你明确表示相信他们的专业行为，他们也相信你对他们的指导，你的团队会平稳且高效地运行。

---

[1] 原注：假定行为分析师认证委员会已经进行了适当的功能分析，并确定这是一种注意力维持行为。

职业生涯中期（从业 6~10 年）

在职业生涯的这一阶段，你会发现与你同批入职的其他行为分析师有人已经中途退出了。在某些情况下，行为分析师之所以退出，一定有一个原因是他们没有得到信任。他们的直接下属不相信他们会给予诚实的反馈，而他们在兑现承诺方面不能说到做到，最终导致这些下属缺乏自信，靠找借口度日。只有值得信赖的人才会在组织中得到晋升，因为晋升意味着承担更多的责任，包括保证员工和组织收入的稳定，以及提高组织在社区中的声誉。

资深行为分析师

在任何组织中，一旦你达到资深级别，你就必须承担巨大的责任。作为一名资深行为分析师，组织希望你还是一名值得信赖的领导者，你很可能是 CEO 或董事会成员。所有的员工都必须相信，你每天会做出公平、明智的决定，能够提升公司所有员工的士气。在这个备受瞩目的职位上，你是所有下级员工的榜样。你每天都要经受服务对象危机、员工失误和不可预见的外部事件的考验。你稳重的气质、透明化的逻辑判断、诚实的品质和不可动摇的可信度是你作为领导者的标志表现。

小结

本章阐述了与共事的人建立信任的重要性。培养信任应该从研究生时期开始，然后在你作为认证行为分析师的第一份工作中开花结果。行为分析师会受到周围人的评判，他们必须证明自己是值得信赖的，始终在为服务对象的最大利益着想。获得信任绝非易事，它需要表现出稳重的气质、诚实的品质，以及可靠的决策能力。永远不要说"相信我"，因为这就意味着你还没有建立起信任的关系。信任的建立始于做出微小的承诺和保证（"我明早八点前把东西给你"），以及绝对的说到做到。如果你在给出更大、更重要的承诺时也能坚持做到这点，那么你就会获得信任。

第18章 人际关系网

> 每个人都需要建立自己的人际关系网,以备不时之需。
>
> ——戴夫·德莱尼(Dave Delaney)①②

研究生毕业后的第一份工作

人际关系网

什么是人际关系网?

对于刚入行的行为分析师来说,建立人际关系网的第一个目的更多的是获得更好的工作,改善工作条件,而不是开展公司的业务。大多数公司都有着长长的候补名单,他们的服务对象多到处理不过来。建立人际关系网的第二个目的——这个目的同样重要,是建立一个同伴关系网络,当你有专业问题或职业机会想找人讨论时,可以找同伴关系网络中值得信赖的同事(见第17章)。那么,究竟怎样才算建立了人际关系网,基本上可以将它归结为与他人直接会面或线上会面,给人留下积极的印象,分享你的兴趣和职业目标,了解他人的兴趣和专长,并从中找到一些共同点,然后维持这种关系。这样在未来的某个时候,你们能够一起讨论执业伦理的问题(当然要先征得服务对象的同意),或协调对你们双方都有利的业务安排。

面对面建立人际关系网

面对面地了解对方,衡量他的知识深度、经验和诚意,判断要不要将这个人拉进自己的朋友或同事圈子,是建立人际关系网的最佳方式。从根本上说,人际关系网是一种系统的方法,用于结识新的人,深入了解他们,并将其作为今后的潜在资源保持

---

① 原注:www.davedelaney.me
② 编注:沟通技巧培训和公开演讲方面的专家。

联系。有时，你可能会向与你建立联系的人提供帮助（以咨询、支持、资源建议等形式），有时反过来，你也可能得到这些人的帮助。人际交往的系统性包括制订有条不紊的计划，寻找人际交往的机会，找到未来可能对你有帮助的人。

  关系网是找到一份有意义的工作并取得事业成功的最佳途径。80%的专业人员认为人际网络对其事业成功至关重要，几乎100%的专业人员认为直接会面能建立更牢固的长期关系，41%的专业人员希望更经常性地维护人际网络[①]。

让我们假设你是一名刚刚接受过培训的行为分析师，准备在一个新的城市开始你的第一份工作。你很有可能是通过人际关系网获得这份工作的——通过和你学同一专业的前辈，或是你在行为分析学会的活动中认识的人，对方把信息告诉了你。你去联系、申请、面试，然后得到了这份工作。

据估计，大约60%的工作都是通过人际关系网找到的，由此可见人际关系网的重要性。这里还有一个有计划地建立人际网络的例子。假设你是一名研究生，正在学习伦理和专业议题的课程，并对那些成功顾问必备的技能很感兴趣。临近毕业，你要多去结识人，让他们知道你正在找工作，还知道你才华横溢、勤奋可靠。要想高效地创建自己的人际网络，首先你需要具备这些品质，给一些重要人物留下深刻印象，然后你需要开始行动，这样当他们听说某个职位空缺时，可能就会提起你的名字。你需要参加各种会议，让人们知道你是一名正在找工作的训练有素的行为分析师，你还要在脸书（Facebook）和领英（LinkedIn）上发帖、发信息、发邮件，给当前关系网中的每个人打电话。

人际关系网的作用在于，你认识的人愿意为你担保和引荐，作为回报，你也应当愿意在时机成熟时为他人担保。要想使人际关系网发挥作用，双方都必须相互信任、诚实守信。在国际行为分析协会的一次会议上，本书的第一作者遇到了他以前的一位学生，与她共进早餐。在短短几年内，她已经成为一家大型咨询公司的高级顾问。作为公司值得信赖和尊敬的一员，她可以就招聘岗位的人选提出建议。大约喝到第二杯咖啡时，第一作者的一位在读学生走了过来，经第一作者介绍，两位学生寒暄了几句，然后这位在读学生就大步走回自己的座位了。这是一个短暂的建立人际关系网的机会，第一作者抓住了它，向以前的学生补充道："这是我最好的学生之一，非常聪明、可靠、勤奋，而且做事主动。一年后我还会为他推荐，因为他有成为一位优秀行

[①] 原注：www.apollotechnical.com/networking-statistics.

为顾问的潜力。"这种信息可能会帮助某个人得到他梦寐以求的工作。不过，只有当被推荐人的表现真正达到要求时，这种方法才会有效。如果你犯了错误，推荐过去的人没有达到预期目标，那么你的可信度就会下降——降到很低。

在州级和全国会议上建立人际关系网固然重要，但不要忘了在本地也可以建立人际关系网。网络中的人是你所在组织或所在地区类似组织的同事或同行。你的目标是让他们了解你，当然，你也要了解他们，这样就可以创建一个强大的本地人际关系网了。在你的人际关系网中的行为分析师可能提供的支持，包括与你共同思考一个令你束手无策的临床案例，解决一个实习生督导中的棘手问题。

建立人际网络的行为

外表

你的目标之一是给别人留下好的第一印象，因此，需要从你的外表开始。第1章中关于职业礼仪的所有小技巧都很适用。在所有可能建立关系网的机会中，你都应该仪容整洁，穿着得体。根据不同的活动场合，安排不同的着装。以国际行为分析会议为例，小型聚会上的着装可以随意些，但在高档餐厅参加公司晚宴时，着装就得比较正式。

态度

如果你还是个行为分析领域的新手，不是那种天生就会建立人际关系网的人，那么对于建立人际关系网的兴奋和期待，可能不亚于你6岁时参加生日聚会前的心情。你不知道自己会遇到什么，但你希望自己能度过一段美好的时光。在建立人际关系网时，带上灿烂的笑容，大步走进会场，表现出自信和轻松随意的状态。进入会场后，停下来估计一下会议的规模。作为热身，你可以从与熟人交谈开始。然后在会场里走走，向一些不认识的人做自我介绍。

设备

要想在建立人际关系网中取得成功，你不需要太多装备，但派发给别人的名片一定要准备好。如果你喜欢老派风格，你可以在小本子上用笔记录下新结识的人的联系方式和其他信息。不过现在，你可以直接将这些信息存入手机里。

行为学人际关系网的具体内容

走近别人时，记得面带友好的微笑，主动做自我介绍。坚定而有力的握手曾是商务礼仪的一部分。然而，由于新冠疫情，握手在大多数商务和社交场合都成了过去式。你需要根据建立人际关系网的场合，确定握手是不是最合适的问候方式。

在自我介绍后，你可以提出一个不具有争议性的、开放式的问题，让谈话由此展开："这真是一场不错的活动，你从哪儿听说的？""你从事什么行业？""这场会议真棒。你今天听了什么精彩的演讲吗？"虽然远离政治和宗教话题已经是老生常谈，但依然行之有效，可以避免冒犯他人。一旦你提出这些问题让对方开始说话，就可以对他的发言给予强化并展示你出色的倾听技巧。这个过程应该是真诚的、自然的，而不是刻意的。如果你是一名行为分析师，我们希望你喜欢与人交往，真心地喜欢听新朋友谈论兴趣爱好、最近的旅行，或是行为分析中某个特定的兴趣话题。

保持好奇心

不要害怕去问别人的工作、爱好、旅行、孩子或家里养的小狗。如果他们听起来似乎在转移话题，或不想细说某个特定的话题，你要捕捉到细微的线索，做出适当的回应，把聊天转移到争议较少的话题上。

做一个连接者

作为一个优秀的人际关系网建立者，你应该尽可能地把人们连接在一起。如果你成功了，各方都会很高兴，并在未来的某个时候回报给你。在交谈过程中，如果你意识到对方应该认识在场的其他人，那么就可以主动为他们介绍彼此。对对方说"我想带你去见一个人"，然后把她带到你朋友的身边。为双方都做好充分的介绍："莎拉，这是夏洛特。她是'聪明孩子'新上任的人力资源总监。"你的目标是给人留下友好的印象，连接自己或他人，得到一张名片，然后继续你的任务。不要占用刚认识的人太多时间，因为你还要去跟很多人会面，对其他人也是一样。结束对话时，要像开始对话时一样有礼貌。记住，最后的印象也很重要。为了结束交流，你可以说"认识你真的很开心。祝你在这次大会度过一段愉快的时光"。理想情况下，你可以在离开前找其他人加入谈话，这样你就不必留对方孤身一人了。

建立人际关系网的后续工作

关于人际关系网建立后的工作不常被提起，但这正是使整个人际关系网建立过程有回报的部分。在社交活动（如会议后的非正式聊天）结束后，比如当天晚上或第二天一大早，查看你收到的名片和记录的联系人的信息。翻看每一张名片或每一页记录，回想一下你们当时的对话内容，判断与这个人的联系是否会对自己或他人有潜在价值。如果你承诺给对方发送一个网站链接或一篇文章，那么请兑现你的承诺。在某些情况下，你需要通过电话跟进；在其他情况下，你可以通过电子邮件跟进。对于看起来很有发展前景的连接，你可以给对方发邮件约一次午餐会面。联系时一定要提醒对方你们在哪里见过面，以及你认为你们之间有着怎样的关联："我们周二晚上在湾区行为分析协会见过面，我希望能够和您继续讨论……"

社交中的人际关系网

当今最常见的人际关系网络形式也许就是虚拟网络。这指的是你在网上认识某人，并通过即时消息、短信或其他在线系统进行跟进。如果你得到回复，就可以继续跟进，与对方开启对话，你或许会有所收获。一些商务社交网络应用程序包括领英、脸书群组（Facebook Groups）、Shapr 和 Bizzabo①。在这些应用程序上，你可以为你的组织创建一个群组，邀请你的同事或其他有类似兴趣的人加入。需要重申的是，我们这里所说的兴趣不是社交平台和交友网站上的个人兴趣，而是专业兴趣，比如有与其他同样从事学龄前孤独症儿童干预工作的行为分析师交流的兴趣。前面介绍的关于面对面建立人际关系网的大多数建议都适用于社交网络中的人际网络建立，也就是说，你需要表达对网络中其他专业人员的兴趣，表现出真诚和真实的一面，并准备好跟进任何看起来与你专业兴趣相投的人的动态。

年轻的专业人员（从业 3 ~ 5 年）

在度过了作为行为分析师的头两年后，接下来的三年会轻松很多。建立人际关系网会成为你的第二天性，你能够更快、更自信地慧眼识人。现在，你可能已经实打实结识了至少六位联系人，他们成为你信赖的同事，帮助你解决工作中的问题或思

---

① 原注：https://krisp.ai/blog/best-networking-apps。

考执业伦理方面的问题。同样，也有至少六个人从你们的联系中获益，找到了工作，招聘到了员工，也许还一起创业了。随着你在建立人际关系网方面的经验不断累积，你有信心在参加会议或其他行为分析师的社交聚会时，为你的直接下属（注册行为技术员、实习生、认证助理行为分析师等）示范这一策略。

职业生涯中期（从业 6～10 年）

进入职业生涯中期，作为一名经验丰富的行为分析师，你拥有体系完善的人际关系网，且大部分联系可能是与其他民间组织建立的。这些组织可以支持你的工作，你也可以与这些组织共同参与促进社区商业发展的事务和人道主义的事业。扩大社交网络的附加价值包括提升你的公司员工的专业技能的曝光度，以及随着公司的消费群不断扩大，增加与其他医疗保健专业人员会面的机会。赞助所在地区的筹款活动和人才招聘会，是一种回馈社区、支持事业发展的方式。

资深行为分析师

作为一名拥有十多年工作经验的专业人员，你很可能已经身居组织或企业的高层，经常参与管理决策。这需要你与其他公司的董事和 CEO，与律师、注册会计师（CPAs）、医学博士以及其他行为组织的同行建立人际关系网。执照的发放和认证等重大问题以及影响公司和行为分析专业的州立法事项会大量占用你的时间，而多年磨炼出来的建立人际关系网的能力将成为你的核心技能。你之所以能够在重要的问题和活动上得到朋友和同事的帮助，是因为你这么多年以来一直维持着这个专业人员的人际关系网。

小结

本章介绍了如何构建人际关系网，这是所有行为分析师的重要活动。建立人际关系网对于那些刚毕业、即将从事第一份工作的人来说尤为重要。建立人际关系网是指通过面对面交流或在网络上结识新朋友，给他们留下良好印象，了解他们的业余活动和职业目标，然后在双方有着巨大的共同利益的情况下长期保持关系。人际关系网可以帮助行为分析师找到他们的第一份（或下一份）工作，也可以帮助他们在当前的工作中建立职业关系。

第 19 章　学会应对压力：以行为学的方式

> 压力是指当员工的能力、资源或需求与工作要求不匹配时产生的对身心有害的反应。
>
> ——美国职业安全与健康管理研究所（1999）

什么是压力？

行为分析师的工作性质决定了他们特别容易产生压力。他们经常需要指导经验不足的新员工、管理直接治疗的服务对象的案例、实施评估和撰写行为计划。他们可能需要 24 小时随时待命，主持或出席很多会议。应该说，他们要做的事情太多了。此外，有些服务对象的家属常常向行为分析师抱怨个不停，或者突然要求改变日程安排和行为计划，而那些接受督导的治疗师的流动率也高得令人难以置信。驱车从一个城市到另一个城市，或去往住在偏远地区的服务对象家，会给本就繁忙的行为分析师带来更大的压力。在绕道行驶的过程中，如果遇上交通堵塞或接到紧急电话，就会使上门干预的通勤变成一场噩梦。小亚当的父母期望小亚当的行为改变立马出现，如果在短短几次治疗之后，他的多动症、攻击行为或学习速度慢（slow learning）的情况没有得到改善，父母可能就会感到失望。同样，教学总监或老板可能希望你再多接手"一个"服务对象，并向你表示"太谢谢你了，我一定会补偿你的，请帮我摆脱这次困境"。

以下是一位认证行为分析师写的关于当前形势的一个很好的例子，这个例子来自应用行为分析执业伦理热线（经许可）。

> 我在现在的岗位上已经工作大约两年半了。大概半年前，这家公司被一家更大的公司收购了。之后不久，医疗补助政策发生了变化，这给我们增加了大量的文书工作。公司被收购后，我与新上任的 CEO 就这个问题进行了沟通，尤其是行

为分析师还需要顶替辞职或生病的治疗师的工作时，任务会更为繁重。我们公司还是一家私立走读学校，又是治疗中心，因此，由于学校的合同中对人员配备的问题有规定，我们无法拒绝学校的服务对象。公司的大多数保险服务对象都是课后项目的学生。这导致我们每周直接为服务对象工作的时间有 20～30 个小时，而我们的督导工作量并没有减少。此外，我每周除了至少必须花在工作上的 50 个小时外，还要花时间兼顾家务事。我多次向 CEO 表达了这种令人难以置信的工作量带来的压力。

两个月前，我处于濒临崩溃的边缘，几乎每天都会在工作时哭泣，并出现惊恐发作的情况。我作为认证行为分析师从业近 20 年，从未感到自己如此不称职，竟然会在文书工作和干预项目规划方面落后于人。我不停地寻求帮助，但他们每次只是告诉我，他们正在招聘注册行为技术员，情况会好转的。但情况并没有好转。我向一位朋友倾诉我的境遇后，他帮我联系了一家规模小、福利好的公司，我决定从现在的公司辞职，提前 45 天通知了公司的领导。虽然副总裁试图挽留我，但我告诉了她我为什么要离开，我要换去一家每周只工作 30 个小时，却能获得同等报酬的公司——这才是我所需要的。

在提出辞职到正式离职的这段时间里，我还在尽我所能地努力工作，但人员配置问题仍然存在。我在这家公司工作的最后一天是周四。上周末，副总裁给了我一份清单，上面列出了我拖欠的所有文书工作。我想完成这些工作，但明知道在剩下的时间里完成是不可能的。我很想把事情做好，但我不是超级英雄，我只是一个疲惫不堪的认证行为分析师。

常见的症状，标准的解决方案

有一点压力并不是坏事，它可以让你更加专注，并在紧急情况下让你的肾上腺素飙升。然而，长期的工作压力会导致头痛、胸痛、气短、胃痛、疲劳和睡眠问题，进而导致焦虑、易怒、情绪波动、心有怨恨和职业倦怠，就如同前文提到的例子。对行为的影响可能包括出现吃不下饭、暴饮暴食、发怒、哭泣、过度饮酒等情况，导致工作效率下降和工作表现不佳。解决生活中的压力的传统方法包括锻炼身体、放松心情、保证充足睡眠，在某些情况下还包括接受心理咨询或看心理治疗师[①]。有一种

[①] 原注：请参阅梅奥诊所网站：mayoclinic.com/health/stress-symptoms.

流行的非行为疗法是自我保健（Fiebig, Gould, Ming, & Watson, 2020），强调的是"工具和练习"（p.599），以此提高个人"面对实际挑战时的复原力"。然而，这种压力管理方法并没有解决导致产生压力或焦虑的根源性问题，只是在教人们学会适应环境，在应对"实际挑战"方面存在着明显的缺陷，这显然是不合理的。行为学的方法是促进环境改变，将其作为一种解决方案[1]。它包括分析工作环境中的压力因素，如过于繁重的工作量或超出自己能力范围的任务，还包括改变环境以减轻压力。处理压力的行为学方法涉及我们熟悉的一些概念，如动因操作、前提刺激、反应代价或正强化依联，并且仍然符合贝尔、沃尔夫和里斯利提出的要求（Bear, Wolf, & Risley, 1968），而不是像"正念"（Neff & Dahm, 2015）这样的认知方法。

此外，你还需要考虑三大因素[2]，这三大因素包括：合理饮食、充足睡眠和充分运动。如果平衡得当，它们可以减轻慢性压力。工作压力过大，工作强度过高，很可能导致身体健康受到威胁。顿顿都吃油腻的油炸快餐，猛灌能量饮料，每晚只睡五个小时，几乎不做任何运动，这些都是导致情绪和身体崩溃的因素。健康的饮食、八小时的睡眠和每周至少三次有氧运动，可以预防压力产生。请慢慢养成这三种习惯，帮助你应对生活中的压力。

研究生毕业后的第一份工作

作为一名充满热情的新手行为分析师，在做第一份工作的过程中，你可能很快就意识到自己正在承受压力。从行为学的角度来看，推动组织的变革要比"无选择意识冥想（choiceless awareness meditation）"、开车途中听大自然原声 CD 或在周四晚上上瑜伽课更有意义。如果你被分配的工作任务压得喘不过气来，回过神来时发现自己正在大把大把地吃巧克力，寻找"4 点到 8 点酒吧欢乐时光"的优惠券，那么上一节普拉提课并不是消解压力的良药。普拉提和其他形式的运动有明显的好处，会让你变得强壮有力，但单靠运动并不能解决你的压力问题。你必须找出根源并解决实际的问题。你手中为什么会有这么多个案？是因为没有适时地说"不"吗？在应对一位难相处的服务对象时，你是否在需要帮助时不知道该找谁谈论？

---

[1] 原注：请参阅 cdc.gov/niosh/stresswk.html
[2] 原注：www.cdc.gov/violenceprevention/about/copingwith-stresstips.html

那么，怎样才能更好地管理自己的生活呢？首先，我们先回顾一下第 16 章中关于时间管理的小技巧。你有一部分压力可能源于没有合理地制订每日及每周计划，无法高效地从诊所或学校赶到下一个治疗场所。如果你在日常通勤中有由交通堵塞带来的压力，请查看一下自己的日程安排，确定从 A 地到达 B 地再到达 C 地是否有更高效的方式。或许你的一些服务对象愿意改变他们以往的预约时间，让你可以避开在早高峰时段出行。如果你有一部分压力与你总是迟到有关，请仔细分析你迟到的原因是什么。一位同事就有这样的困扰，后来发现他迟到的原因是没有告知服务对象他要在特定的时间离开。他觉得在对方话说到一半时打断是很没礼貌的表现。其实，在提前告知服务对象他必须离开的时间后，他就可以在他们的对话中适时提醒："好啦，拉德女士，我还有 5 分钟就得走了。"通过综合运用坚定果断、时间管理和人际沟通技巧，他就能够准时出发，前往下一处预约地点，避免超速通过红绿灯。

外部压力

有一种缓解压力的方法不常被想到，却非常重要，那就是分析你所从事的工作的性质，确定它是不是产生压力的部分原因。在工作初期，你可能有过这样的感觉：一切都在你的掌控之中。你了解服务对象的问题，得到了利益相关方的配合，你的行为计划取得了不错的效果，得到了 CEO 的认可，还拿了一笔奖金。生活原本很美好。但不知怎么回事，突然间，一切都失去了控制。到底发生了什么？在工作了足够长的时间后，在同意督导两名新手注册行为技术员后，你是否发现他们实际需要的指导比你预想得要多？也可能是因为进步迅速的孤独症孩子不知为何到了瓶颈期，孩子的单亲母亲开始向你询问有关应用行为分析的问题。她阅读了一些针对孤独症群体的特殊饮食的文章，质疑应用行为分析的成效，于是不停地挑剔。这让你很伤脑筋，"她就是对我告诉她的东西不满意，想直接和教学总监沟通"。然后，你的督导站在了这位母亲那一边，也开始质疑你的治疗方案。这可把你急坏了。

还记得你的室友突然决定离开这座城市，而你却要一下子承担整个月的房租，直到租约期满吗？从那时起，你就开始穿着那件 T 恤衫了，上面写着"压力：当一个人身体的基本欲望被思想压倒，想要掐死一个罪有应得的人时所产生的混乱。"[1] 由于你

---

[1] 原注：https://boinc.berkeley.edu/dev/forum_thread.php?id=11551

的室友在没有与你进行任何沟通的情况下弃你而去，你不得不多接三个个案以便赚更多的钱来交整笔房租："我还年轻，所以我每周可以工作50个小时……至少在我找到新室友前是这样。"

如何应对压力：一种行为学方法

许多传统文献和网上的建议都与识别压力的迹象和采取措施控制症状有关。而那些相信自己有能力理解人类行为（包括自身行为）的行为分析师很可能会摒弃这类策略，转而采用更让人舒服、自己也更熟悉的行为学方法。毕竟，如果有一位服务对象带着所有这些症状来找你，你难道会不先准确描述行为再进行功能分析吗？

步骤1：准确描述压力情绪、感觉及行为

正如在工作中遇到的任何情况一样，你知道自己要做的第一件事情就是对行为或出现问题的原因进行精确定位（pinpoint）。真的是身体上的症状吗？胸痛，气短，焦虑？如果是的话，你的家庭医生一定会建议你去做个体检。至于你所采取的那些看起来会带来麻烦的行为，可能是暴饮暴食、哭泣或效率低下等，你知道如何列出这些行为的清单和数据记录表，那就从这一步开始吧。将你的症状（包括行为症状和身体症状）制成表格，确定频率，并列出可能的前提。你在当天应该记下症状发生的时间以及依联。例如，如果你的焦虑在某些日子的下午3点左右加剧，而在其他时间不会，那就查看一下你的预约簿或iCal①，看看在3点之前都发生了什么。是在拥堵的车流中上演生死时速，还是在处理与家属的关系，以致破坏了自己的健康生活治疗计划？是否只有在前一天熬夜导致睡眠不足的前提下才会出现这种情况？你可以使用标准的ABC分析法［前提（antecedent）—行为（behavior）—后果（consequence）］来分析你的数据，再把"情境事件"（setting event）添加进来作为一个宽泛的类别，列举一些比较模糊的问题，这些问题的发生也许为第二天一系列不愉快的经历埋下了伏笔（见图19.1）。

---

① 编注：一种日程管理应用程序。

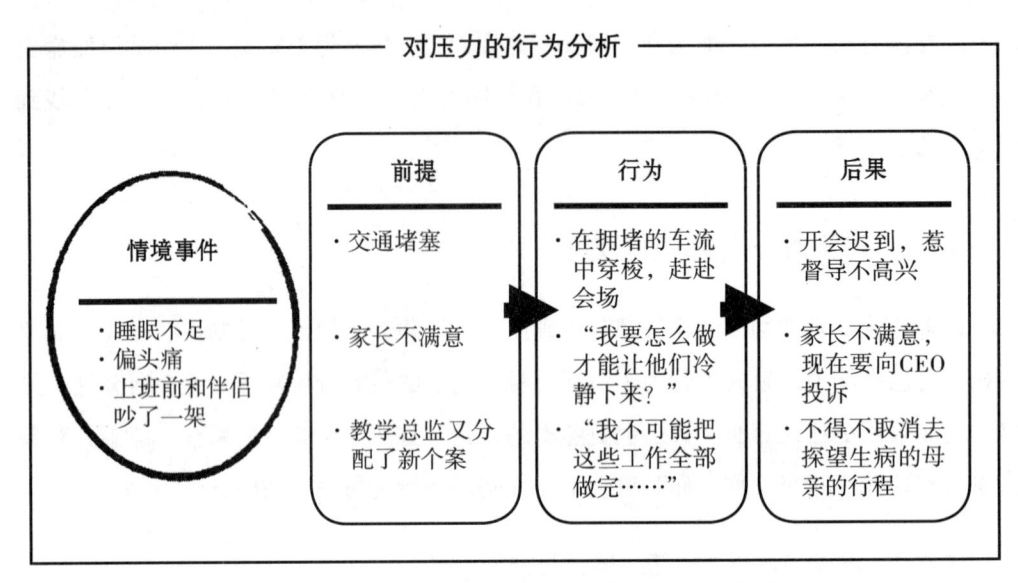

```
┌─────────────────── 对压力的行为分析 ───────────────────┐
│                                                      │
│                ┌─前提─┐    ┌─行为─┐    ┌─后果─┐       │
│   ╭─情境事件─╮  │·交通堵塞│ │·在拥堵的车流│ │·开会迟到，惹│ │
│   │·睡眠不足 │  │      │→│ 中穿梭，赶赴│→│ 督导不高兴 │ │
│   │·偏头痛   │  │·家长不满意│ │ 会场    │ │·家长不满意，│ │
│   │·上班前和伴侣│  │      │ │·"我要怎么做│ │ 现在要向CEO│ │
│   │ 吵了一架 │  │·教学总监又分│ │ 才能让他们冷│ │ 投诉    │ │
│   ╰─────────╯  │ 配了新个案│ │ 静下来？" │ │·不得不取消去│ │
│                │      │ │·"我不可能把│ │ 探望生病的母│ │
│                │      │ │ 这些工作全部│ │ 亲的行程  │ │
│                │      │ │ 做完……" │ │       │ │
│                └──────┘ └──────┘  └──────┘       │
└──────────────────────────────────────────────────────┘
```

图19.1　该图展示了导致压力的情境事件及前提的例子。

步骤2：进行功能分析

这一步需要十分小心谨慎地操作，因为你是在拿自己做实验。从记录有问题的行为和情绪状态开始的每一步，都要保持客观。将你出现焦虑、胸痛或想吃东西的症状的时间填入表格，最后制成的散点图可能如图19.2所示。图中的黑色块代表胸痛，深灰色块代表焦虑，浅灰色块代表对食物的渴望。接下来要做的是，回顾你的日常计划，确定哪些事件与你的这些压力症状有关。

为了确定你的猜想是否正确，实际确定控制变量，你需要临时调整你的日程安排或办事顺序。接连给三位服务对象做咨询，或是飞速穿过城镇去开督导会议却没时间复习你的笔记，这样的日程安排可能太满了。通过改变日程安排，并诚实客观地记录结果，你就能够远离那些导致压力的因素了。有一些变量可能很难操纵，特别是那些频繁出现的变量，比如睡眠不足或是与你的伴侣吵架。你很晚才入睡是不是因为你晚餐时喝了太多咖啡？是不是因为你每晚有看电视到深夜的习惯？或者是不是因为你可能有不健康的睡眠习惯（或睡眠呼吸暂停）？如果你的问题出在最后一个，医生应该为会你做必要的检查以排除患病的可能性。如果你的睡眠问题与你深夜看电视有关，那么你可能是时候买一台录像设备了，这样你就可以在合适的时间看你最喜欢的深夜电视节目了。这是在服务对象担忧自己的焦虑或不佳的表现时，你可能会进行的一种功能分析。你也应该运用这些知识来解决自己的问题。

对于有义务遵守BACB伦理条例的行为分析师来说，产生压力和焦虑的一个重

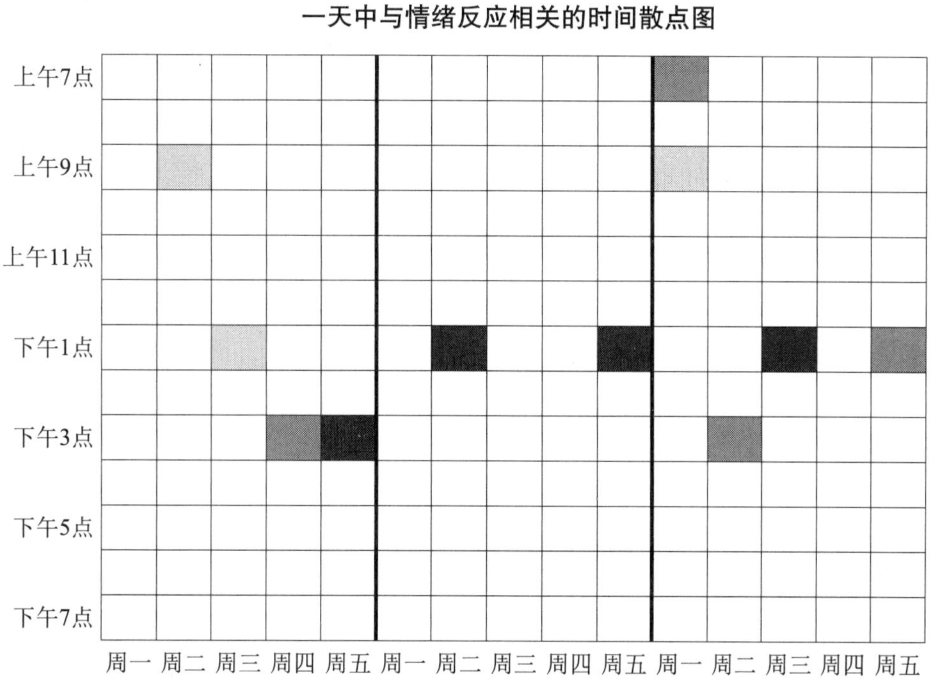

一天中与情绪反应相关的时间散点图

图19.2 该图是引起情绪反应的时间散点图。

注：黑色块代表胸痛，深灰色块代表焦虑，浅灰色块代表对食物的渴望。

要原因是，持续增加的工作量超出了他所能承受的限度。许多行政人员和教学总监认为，为了提高业绩，必须增加服务对象的计费时数、注册行为技术员的直接工时和督导的工作量。你不必成为福尔摩斯，也能确定这种持续的压力是产生焦虑和恐惧的原因。你该怎么做？答案很简单，但风险却很大。当教学总监带着两个大文件夹来找你，说"猜猜我给你准备了什么？"的时候，唯一能拯救你的回答就是："很抱歉，我不能再接更多的服务对象了。"但风险是你可能会被解雇，不过你手中也不缺筹码，因为潜在的工作岗位的数量要比行为分析师的数量多得多。为了避免出现这种情况，在面试时就务必询问你的工作量和公司对你的其他期待——这正是就这一关键因素进行谈判的时候，然后确保在合同中以书面形式写明。

步骤3：制订短期干预措施

根据你在功能分析中的发现，你也许可以制订一个短期的解决方案，在制订长期解决方案的同时准备一些缓兵之计。例如，如果你发现，前一天晚上睡眠充足的话，第二天的压力水平就会下降，那么快速解决问题的方案可能就是更好地管理你的时间，在看深夜电视节目或与亲友通电话时遵守一些纪律。对待白天那些让你产生压力的变量时也是如此。坚定果断地与你的督导沟通，明确表示你完成这三个超负荷的个案工作后，就不会再接手其他任何工作了，这样可以大大缓解你本周的压力。同样，在为服务对象工作时，如果对方似乎对你提供的服务不满意，还准备向你的上司投诉，那么在服务对象投诉之前，请先询问你的督导（这样会让你感到无比轻松）。你的督导可能会为你提供资源，帮助你解决服务对象的问题，也可能会决定把这个服务对象转介给另一位行为顾问。

步骤4：制订并实施长期干预计划

试着在六个月或更长的时间内实施你的长期计划，这或许会涉及你生活中一些相当大的变动：

- 跟与你争论不休的伴侣分手
- 换工作
- 去小公司工作
- 搬到生活节奏不那么快的乡村地区
- 创立自己的私人诊所，积累经验，为自己工作，确定自己的工作时间（这可能是一个为期两年的目标）
- 搬出嘈杂的住宅大楼，住进属于自己的公寓

这些都是缓解压力的方法，但由于这些方法涉及大量的规划工作，短期内可能会遇到一些困难，需要承受一些额外的压力。

年轻的专业人员（从业3~5年）

如果职业生涯已经走到这一步，你可能已经找到平衡工作与生活的方式。在时间允许的情况下，了解哪些工作可以完成，哪些工作可以推掉，这些经验可以给你带来喘息的空间，有望使你成为一名更好的同事和督导。有了这些经验，你就能够确保在与督导对象共事的过程中，不会对他们提出不合理的要求，并始终关注他们的反馈。你还可以教督导对象如何分析他们的工作和个人生活中的压力因素（参考图19.1和图19.2），如何消除或改变这些因素。如果公司有人力资源部门，你可以要求他们定期开展个别调查，确保所有员工都能感受到自己的意见和建议可以被传达出去。

职业生涯中期（从业 6~10 年）

进入职业生涯中期，就表明你有能力在工作和生活之间取得平衡。现在，你也许可以帮助公司制定与所有行为分析师的工作条件相关的政策了。虽然完全没有压力的工作环境是不可能存在的，但了解造成压力的因素，并在全公司范围内采取措施消除或弱化这些因素，是一项很有价值的工作。

资深行为分析师

一旦你到达这个阶段，你就能对企业或组织的文化产生明显的影响。你可以确立这样的立场：公司不会制定直接或间接对员工的工作造成压力的政策和程序。对于传统的非行为领域的公司，如果为服务对象提供服务的员工没有经过培训，公司就会通过增加工作量、减少督导和接收具有挑战性的服务对象来提升业绩。而作为一名行为分析师，同时也是组织中的领导者，如果你希望维持一支稳定、阳光、有效率、有成效的员工队伍，你就应该能够发现那些必然会增加压力的因素，并努力消除它们。

小结

本章介绍了一种以行为为导向的方法，以便应对工作中的压力。行为分析师的工作性质决定了他们特别容易产生压力。他们经常要指导没有什么经验的新员工，管理直接治疗服务对象的案例，实施评估，撰写行为计划，每周还要做许许多多其他事情。可悲的是，我们的职业倦怠症状得归咎于雇用行为分析师的公司。压力的症状包括头痛、胸痛、气短、胃痛、疲倦和睡眠问题。这些症状继而会导致人焦虑、易怒、情绪波动、心有怨恨、工作效率低下和工作表现不佳。适当的饮食、充足的睡眠和运动可以在一定程度上缓解压力。减少或消除压力的依联可以通过四个步骤实现，行为分析师有责任管理好自己的压力。

第 20 章　公开演讲

> 言语就是力量：言语的目的就是去说服他人、传递信息、革新思想。
> ——拉尔夫·沃尔多·爱默生（Ralph Waldo Emerson）[1]

研究生毕业后的第一份工作

据估计，有75%的人有演讲恐惧症（golssophobia, 害怕发表公开演讲）[2]。大多数人都无法想象自己站在一大群陌生人面前发表演讲会是什么样子。有演讲恐惧症的人在演讲前就开始担心演讲过程中可能发生的各种灾难，"如果观众们不喜欢我怎么办？如果我说话卡壳了，忘记接下来该说什么了怎么办？投影仪坏了怎么办？如果他们向我提问，而我不知道怎么回答怎么办？"这种消极的思维方式对于演讲新手们来说很常见。一旦你经过了一定的训练，积累了一定的经验，即使在重要谈话前仍然会有轻微的紧张，也不会再有那种强烈的恐惧感了。对于经验丰富、自信满满的演讲者，如果你已经做过演讲，希望进一步提高自己的演讲技巧，这里有一些建议，可以帮助你赶上技术层面和理论层面的下一波浪潮，成为一名出色的公开演讲者。

大多数研究生在攻读硕士或博士学位的2～4年间都没有上过公开演讲课，然而行为分析师的大部分工作的实质就是公开演讲。在大大小小的会议上与家属和同事谈话，做论文演讲或举办继续教育工作坊。如果使用幻灯片，要注意尊重服务对象的隐私，不要使用暴露他们面容的照片。我们的建议是，抓住一切机会参加"小型会谈活动"，这会为以后的会谈提供很好的练习机会，并为主持大型会议奠定基础。

面向民间组织或医疗保健团体发表演讲可能是传播行为分析知识的最佳途径，而作为该领域的新手，你可能会被要求代表公司发表演讲。如果演讲的场合是非正式的，那么人力资源部门或市场营销部门可能会为你提供文本和幻灯片。如果一些新公

---

[1] 编注：美国散文作家、诗人、思想家、演说家。
[2] 原注：www.psycom.net/glossophobia-fear-of-public-speaking。

司制定了外联战略,要给医生讲授应用行为分析的相关知识,那么演讲的场合通常是在医生办公室举行的"午餐学习"会议上。这些演讲的目的是让社区工作者了解你的公司,了解什么是行为分析,回答他们可能提出的任何问题。

通过练习和训练,你将能够面对更多的观众,让他们感受到你的关怀和诚意。你对行为分析的热情也会清晰地传递出来,很快就能消除别人对我们这个领域的误解。

若要为你的公开演讲能力的发展做一个总体规划,作为一名刚从研究生院毕业的行为分析师,你可以考虑先从面向公司同事的演讲(如在会议上)开始,再逐渐进阶到为本地社区做演讲,最后做到在州级以及全国会议(也可能是国际会议)上发表公开演讲。

如何开始

你不妨先收集和阅读一些有关公开演讲的书籍(Acker, 2021; Anderson, 2017; Blesenbach, 2018)。参加会议时,重点留意那些出色的应用行为分析演讲者,像帕特·弗里曼博士(Dr. Pat Friman)、洛里·乌努姆(Lorrie Unumb)、肖恩·卡佩尔(Shawn Cappell)、格雷格·汉利博士(Dr. Greg Hanley)和布里奇特·泰勒博士(Dr. Bridget Taylor),看看是否能从他们身上学到一些技巧。

如果你以前做过一些小型演讲,也取得了不错的效果,但想到要在一大群人面前演讲,还是害怕得发抖(可能是演讲恐惧症),那么你可以像对待任何恐惧一样,采用真实脱敏法(in vivo desensitization)来解决这个问题。脱敏疗法的原理是通过让人逐渐接触产生恐惧的刺激,从而逐渐消除焦虑。这个过程需要多长时间取决于你的练习频率,具体因人而异。如果你自己尝试了这种方法后看起来没有任何进展,可以考虑找一位行为治疗师来帮助你。为了克服恐惧,付出任何代价都是值得的。作为一位行为分析师,要想最大限度地发挥自己的潜能,你就得不断鞭策自己,使自己能够在最短时间内面对所有观众,充满自信和热情地讲述自己的故事。

标准演讲技巧

准备你的演讲

所有演讲都包括两个部分:内容(你要传达的信息)和方式。大多数人最担心的是演讲的方式,担心不知道自己的手该怎么摆放,如何控制自己的发声,以及如何在房间或舞台上走动。但是如果传达的信息中没有令人信服的内容，就不可能成为一名出色的公众演说家。你需要从说一个好故事开始（Simmons, 2019），讲述这个故事能让你感到自在和兴奋。这应该是一个你非常熟悉的故事，讲述它时你根本不需要剧本。

步骤1：确定演讲的重点

你没有时间去讲太多细节，所以要先列好演讲的提纲，确定在规定时间内讲哪些内容是比较合理的。大多数的演讲者想讲的内容都太多了，结果在演讲的时候搞得匆匆忙忙的，没法讲完准备的全部内容。这是演讲的大忌。在30分钟的演讲中，如果你能将关键要点的数量压缩到六个左右，效果会更好。确定了要点之后，下一步是确定顺序。如图20.1所示，用包含开头、中间和结尾部分的"故事曲线"来思考问题会非常有帮助。对于行为分析师来说，这个"故事曲线"里通常包括你遇到的或面临的各种问题或挑战，然后是深入调查和发展性研究，调查研究过程中可能会使用创造性的功能分析。在演讲的中间部分，你要生动地传达通过大量工作和深思熟虑得出的解决方案。最后，在结尾部分，你能够向服务对象、学校或整个社区展示你的成果和受益情况。

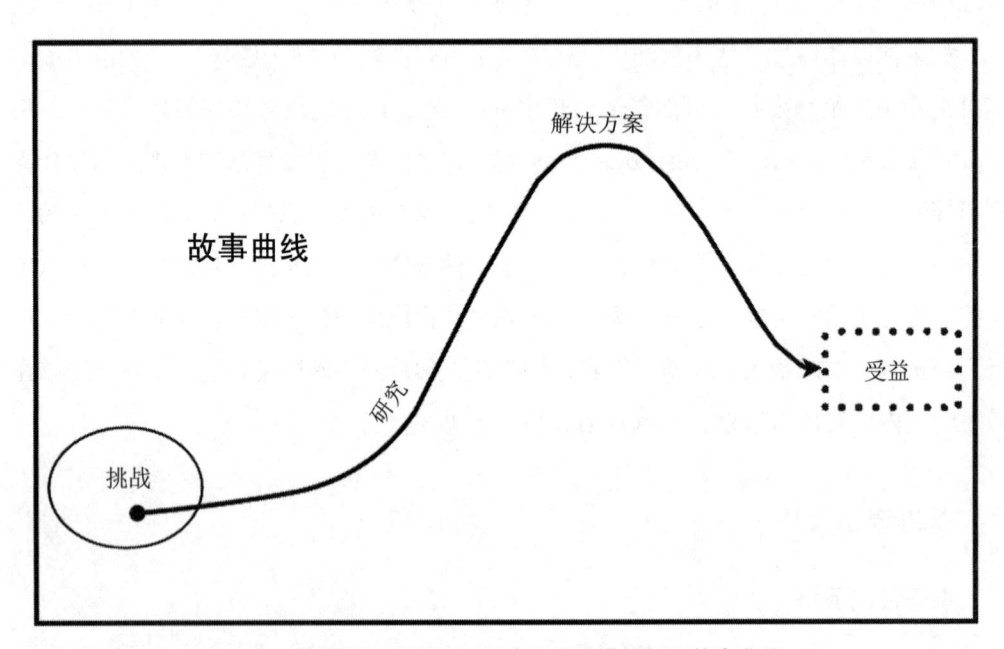

图20.1　该图展示了应用于行为分析演讲的标准故事曲线。

步骤2：找到"钩子"（hook）

完成一场完美演讲的另一个诀窍是做好这一步："我需要给观众们一个观看我演讲的理由，了解他们为什么关心这个问题。"这是一位优秀的演讲者在演讲的前90秒钟要解决的事情。你应该先用"钩子"勾起观众的兴趣。这个"钩子"可以是向观众们抛出一个问题，如"在场有多少人忍受过坐在你旁边的人大声打电话？"，也可以是一个幽默的故事，一段精挑细选的名言，一些出人意料的统计数据，或者一个"展望"，使观众渴望了解更多内容。下面是一位行为分析顾问的开场白，它能引得观众思考"接下来发生了什么"。"7岁的玛利亚跌跌撞撞地走到书桌前，拿出笔记本，用粗粗的蜡笔写下了大大的'救救我'三个字。然后低下头开始抽泣。"作为面向学校管理者发表的演讲，这是演讲者精心挑选出来的一个富有戏剧性的开场白。这则小故事让在场的每个人都全神贯注地观看起了讲座，而这场关于个别化教育计划的演讲原本可能只是枯燥乏味的例行公事。

步骤3：呈现内容

一旦你抓住了观众的注意力，就可以开始进入正题了。这是演讲的主体部分，你必须克制自己的冲动，不要在这部分放入太多的材料。你的目标是通过讲述这些内容，让观众了解主题，了解内容与主题的相关性，激发他们学习更多知识的兴趣。与其一张接一张地播放幻灯片、读出上面的要点，不如突出重点内容，逐步深入讲解[①]。确保有条理地组织材料，充分地解释概念，而不是使观众被困在细枝末节中。

步骤4：圆满的收尾方式

演讲结束时，记得回到开头留下的悬念上面，讲完那个故事，或再另讲一个故事，为演讲画上一个圆满的句号。可以在屏幕上放一张富有戏剧性的照片，照片本身就呈现了一个故事；也可以在结尾时讲一个幽默故事；还可以讲一句能够概括你的这场演讲的核心内容的话。观众似乎存在首因效应和近因效应[②]（Gelb, 2020, pp.71-72）。回顾演讲的内容时，他们更有可能记住的是开头和结尾部分，而非中间的主体内容。所以我们建议在演讲中只介绍几个要点，在演讲结束后为观众分发讲义。

---

① 原注：如果你的演讲包含很多内容，最好把它们整理成讲义，并在演讲结束后向观众分发这份讲义。

② 编注：首因效应指个体在与他人交往的过程中，最先接收到的信息比后续信息对形成印象影响更大的现象。近因效应指最近接收到的信息对形成印象影响更大的现象。

练习你的演讲技巧

要想掌握出色的演讲技巧，不外乎练习、练习、再练习。这条建议来自无数关于公开演讲的书籍，以及美国国际演讲会（Toastmasters International）[1]，这是美国教授和推广优秀公开演讲技巧的一流组织。你可以对着镜子练习，与朋友一起练习，可能的话，也可以直接在你即将正式演讲的房间里练习。将演讲练习录下来，在自己的办公室里回看视频，站在观众的角度客观地分析自己的表现。你可以从视频中看出自己的肢体语言是否僵硬，这有助于你尝试不同的演讲风格，比如走下讲台，使用无线麦克风，或者径直走到中间的过道，近距离观察观众，直接与他们交流。如果要同时使用移动设备和幻灯片，你还需要准备一个无线遥控器，运用这种演讲方式可以强有力地证明你熟知演讲的内容，因此值得额外花时间做这样的准备。

当然，在完成了上述步骤之后，成功演讲的另一条建议就是放松。考虑到与一大群人交谈时所承受的压力，放轻松听起来并不是一件容易的事，但它确实很有效。在你走进观众的视野之前，做几次深呼吸。记住，你是在就自己熟悉的话题进行演讲，你来到这里只是为了讲述自己的故事。如果这些人不想听你的故事，他们就不会邀请你来做这次演讲，所以别太担心。

关于优秀演讲技巧的最后一条建议是确保自己始终处于对话的模式，自如地变换你说话的语气，从轻声到大声，再从大声到轻声，并利用停顿达到想要的效果。如果在听自己的录音时，你发现自己说话的嗓音比较单调，那你就要确保避免用这种嗓音演讲，就像避开家门口的大坑一样。在正常与人交谈时，你会大笑、开玩笑、讲故事。这些放在演讲中也都是完全可以接受的，只要你保证表现得干净利落，而且玩笑和故事与讲座传递的信息相关联。在最近一次有500人参加的会议上，一位受邀而来的演讲者是这样开场的："有人说我是一个非常枯燥的演讲者，应该用一个笑话开始我的演讲。好吧，我的笑话是这样的……"可惜的是，他说的这个笑话并不好笑，与主题也毫不相关，在场没有人笑。虽然他是该领域公认的专家，但他的演讲显然没有达到预期的效果，他将很难从这次失败的演讲中恢复过来。不过值得称赞的是，他准备了一份长达20页的讲义，讲义包括了讲座中的所有要点和参考资料，还把讲义放在讲台上，供观众们在演讲结束后自行取阅。

---

[1] 原注：请访问 www.toastmasters.org 获取关于公开演讲的完整版建议，以及找到离你最近的团体的方法。

避免死于幻灯片之手（Death by PowerPoint）

目前，一场针对标准化的、无处不在的、枯燥乏味的幻灯片（PowerPoint 类）演讲的革新正在进行。这场运动可以被视为对"死于幻灯片之手"的反击。其目的是朝着新的目标重新开始，颠覆演讲的方式。不再思考"我能在一张幻灯片中塞入多少文字？"这样的问题，这群引领浪潮的创意设计师们提出：优秀的幻灯片演示文稿应该包含适当的内容，并以最高效、最美观的方式排列，不需要多余的装饰。这样的演讲简洁、和谐、优美（Reynolds, 2019, p.25）。雷纳德说道：

> 多媒体辅助下的现场演讲是讲故事，相比于阅读纸质文件，观看现场演讲与观看纪录片有更多的共通之处。今天的现场演讲必须借助图像和其他的多媒体形式来讲述故事。
>
> (p.25)

尝试演讲之禅

雷纳德将这种新方式命名为"演讲之禅"（Presentation Zen, Reynolds, 2019），其灵感来源于简洁明快的日式产品设计。雷纳德将其归功于多年前的一次经历，当时他在东京火车站吃便当（一种日式盒饭），偶然看到一位商人在一页页地翻看打印出来的 PowerPoint 幻灯片，每页纸上印有两张幻灯片。幻灯片上写满了标题和要点，这与他手中的便当形成了鲜明的对比，这份便当"营养全面、品相美观……毫无冗余"（Reynolds, 2019, p.6）。雷纳德由此得出结论，由技术辅助的演讲也可以变得简洁而美观。他的书对于任何需要进行演讲或希望提高演讲水平的人来说，都是必读书目。书中的基本概念包括：文字部分简明扼要，每张幻灯片上的字数不要太多，不要使用项目符号列表（这一点真让人吃惊！）。取而代之的是，使用吸引人的照片或图片来讲述你的故事。对于一场 20 分钟的演讲，准备的幻灯片不要超过 20 张。想要观看一场简洁优雅的演讲示例，请访问 www.ted.com.

年轻的专业人员（从业 3~5 年）

一旦你适应了新工作，在社区里举办过几十场小型讲座，你可能就已经具备了登上更大舞台的能力，比如在州级会议上发表演讲。在这类场合，为了能在 50 分钟的标准时间内体现演讲的趣味性，你需要组织更多的材料，还要提前充分练习。

职业生涯中期（从业 6～10 年）

到了职业生涯中期，拥有了丰富的演讲经验，你可能已经准备好参加"大咖秀"了，这个舞台就是全国性的会议，如在每年阵亡将士纪念日前后举行的国际行为分析协会年会。这个会议会吸引来自世界各地的 5000 多名行为分析师前来，其中包括一些极其优秀的演讲者。你可能已经参加这个会议好几年了，对会议上的演讲内容有一定的了解。尽管它是一个国际性的会议，仍有在较小的会议室进行演讲的机会，在被分配到可能容纳 1000 名观众的大型会议室之前，你可以先积累一些小规模演讲的经验。如果有机会观看帕特·弗里曼博士的演讲，你会看到他如何使用他总结的 15 步高效公开演讲法（Friman, 2014）进行演讲。

资深行为分析师

在职业生涯的这个阶段，你已经参加过许许多多的会议，也做过许许多多的演讲，你可能会受邀在擅长的领域做一场大型主题演讲。国际行为分析协会将大型演讲分为教程（Tutorials）、特邀演讲（Invited Presenter）和斯金纳系列讲座（B. F. Skinner Lecture Series）。这些演讲体现了演讲者在其专业领域积累的知识和经验。它们在内容和视觉效果方面都有很高的要求。这一级别的演讲者通常会请所在公司的平面设计师制作幻灯片，他们的幻灯片不仅视觉效果引人注目，可能还配有视频片段和动画。

小结

本章阐述了公开演讲的重要性，它是每位行为分析师的必备技能之一。许多人都有演讲恐惧症。这种恐惧会阻碍行为分析师向服务对象、同事和社区观众展示行为分析的广度与深度。掌握公开演讲技巧的最佳方式是从小处着手，在会议上积极发言，主动在私人聚会和内部培训课程上发言。要想做好一场演讲，有四个不可或缺的基本步骤：确定要点、找到引起观众兴趣的"钩子"、有效地展示内容以及给演讲画上圆满的句号。其他的要点还包括精心布置演讲会场、测试设备以及在演讲前与观众见面。学习如何演示令人印象深刻的幻灯片，以及如何使用音乐来增强演讲效果，会使你成为一位极富魅力的专业演讲家。

第五部分

进阶技能

一位首席执行官正在和公司的教学总监交谈……

　　昨天，我给认证行为分析师们召开了季度会议。我们讨论了保险、账单和其他的一些常规问题。有一件事让我感到很不安，行为学科的从业人员开始谈论一种眼下十分流行的趋势，用从网上下载的现成的行为程序去解决行为问题、开展语言训练。我对他们的这种思路很不满意，想和你谈谈这个问题。我的孙女有孤独症谱系障碍，如果她是我们的服务对象之一，我希望她接受的是个性化的治疗。我认为，我们需要创新思维，创造一些新的想法，设计适用于不同家庭的治疗方案，把治疗轻松地融入他们的日常生活。如果我们的行为治疗人员想要变得更厉害，他们就需要有好奇心，积极寻找其他解决方案。你可以做个深入的调查，然后给我回复吗？

第 21 章　创造性地解决问题和纷争

> 人生就是不断尝试，看看是否可行。
>
> ——雷·布拉德伯里（Ray Bradbury）[①]

研究生毕业后的第一份工作

如果我们的服务对象和利益相关方能够自己解决问题，那他们就不需要行为分析师了。毫无疑问，他们已经根据自己对人类行为的理解，尝试遍所有众所周知、了无新意的解决方案了。大多数服务对象需要的是具有创造性的解决方案，他们希望我们是这方面的专家。确定行为问题、找到测量行为问题的方法、实施评估、撰写行为干预计划，这些都是创造性解决问题的初始步骤。在第 1 阶段，一旦我们拟订了循证的、功能性的、合乎伦理的行为计划并付诸实施，我们就将进入下一阶段。第 2 阶段是在计划失败时对计划进行故障排除。我们为行为分析专业的研究生提供的大部分培训都是针对第 1 阶段的，在课堂和实习过程中，学生们学会如何精确定位问题行为、精确测量问题行为、通过观察和功能分析找到行为问题发生的原因，以及撰写和实施行为计划。虽然这些在外行看来是一种新颖的方法，但对我们来说却是家常便饭。大多数时候，我们都能找到行为的功能并确定强化物。工作的难点在于教授服务对象做出替代行为并改变依联，在不造成伤害的情况下改变行为。当然，所有的这些工作都应在服务对象认为合理的时间内实施。

第 1 阶段：创造性地解决问题

如果你所在的机构或公司是专门从事行为问题治疗的，那么你很有可能会在日常工作中反复遇到一些相似的行为问题。很快你就能够开发出一套属于自己的成功

[①] 编注：美国作家。

解决问题的标准模式。对于自伤行为（SIB），你可能会去寻找逃避依联或自动强化；对于破坏课堂秩序的行为，你可能会去思考老师偶然的强化、同伴关注以及逃避（困难的、无趣的、与能力不符的、不擅长的）学习任务（通常称为"要求"）这些问题。但有些时候，解决方案不是那么明确的话，你的标准模式可能会失灵。这种时候该怎么办呢？幸运的是，我们可以暂时跳出行为分析的思维框架，从其他领域中寻找值得借鉴的解决方案。在《为什么不呢？》（*Why Not*? Nalebuf & Ayres, 2006）一书中，两位作者站在经济学家和律师的角度提供了一些策略，他们多年来一直在帮商业人士制订创造性的解决方案。或许，换个角度思考我们遇到的行为问题，会让我们受益匪浅。

无穷的资源

当你想不出解决方案时，可以退一步问自己："如果我拥有像大学实验室那样无限的资源，我会怎么做？"当我们找不到某种行为的功能时，不妨先做一会儿白日梦，想象自己拥有无限的资源，足够进行一次完整的实验性功能评估。如果我们拥有一间设备齐全的实验室，有大量的研究生助手和电子化的数据收集系统，我们肯定能测试足够多的变量，找到问题的根源。在这个白日梦里，你可以操纵任何一个变量，打乱顺序，复制条件，得出一个明确的答案。但在没有实际经济支持的情况下，你该怎么办呢？有一种解决方案是将服务对象送到有这种设备条件的地方。如果服务对象的行为危及生命，比如有自伤行为或严重的饮食失调，有时可以找到特殊的资金支持。或者，你也可以邀请有这种条件的实验室的专业人员来到你的治疗环境中，向他们请教，请他们帮你创造近似于良好控制条件的环境（Iwata, Dorsey, Slifer, Bauman, & Richman, 1994）。你也可以考虑学习怀尔德（Wilder）、陈（Chen）、阿特韦尔（Atwell）、普里查德（Pritchard）和温斯坦（Weinstein）等学者（2006）在简短功能分析方面的成果，创造一些持续时间极短的控制条件。

解决方案还可以用在何处？

纳尔巴夫（Nalebuf）和艾尔斯（Ayres）建议开展的另一项练习是，把你为一个问题想到的解决方案应用到另一个地方（2006）。这就是经典的"拿着锤子找钉子"。

> 1987年万圣节之夜，邮递员汤姆·科尔曼和比尔·施洛特受到了启发。他们

看到一个"不给糖就捣蛋"的人拿着发着绿光的荧光棒。这些荧光棒还能用来做什么呢？你设想过会发光的糖果吗？如果把棒棒糖放在荧光棒上，荧光棒的光就会透过糖果，产生一种奇特而有趣的效果。他们将发光糖果（Glow Pop）卖给了Cap Candy糖果公司。他们的下一个创意更受欢迎。

(Nalebuff & Ayres, 2006, pp.31-32)

翻转

纳尔巴夫和艾尔斯（2006）提出的最后一个策略对于正在寻找创造性解决方案的行为分析师很有用，那就是练习"翻转"。在这项练习中，你要思考的问题是，如果标准的产品或服务被颠倒或被翻转过来，会发生什么。消费者们从亨氏公司（the H. J. Heinz Company）设计的番茄酱双头瓶中看到了这项练习的成果，亨氏公司的创意设计师们近年来终于想出了能将瓶中的番茄酱挤得一滴不剩的方法。他们重新设计了装番茄酱的容器，现在这个可挤压的塑料瓶是倒置于桌子上的。在行为分析中，我们认为涉及条件强化物的依联是行为改变的核心。如果我们将其翻转，让强化物变成非条件强化物，会发生什么呢？研究文献已经证明了这一点，另外，在临床和教育应用中，这些思考似乎也取得了一些进展。如果一个人为了得到一个强化物付出了巨大的努力、承受了巨大的痛苦，我们为什么不直接给他这个强化物，然后看看会发生什么呢？应用行为分析学科中有一个概念可以解释其原理：动因操作（motivating operation, MO）。减少动因操作的影响力，我们就能大大降低行为的强度，或许我们可以再次使用强化物来塑造恰当行为。

那么关于行为改变的其他标准操作程序呢？例如，如果我们引导老师在课堂上对平时扰乱课堂纪律学生的安静行为给予强化物会怎样？如果我们辅助孩子强化老师呢？或者把一个不守规矩的孩子送到办公室呢？或者相反，如果孩子每天早上第一件事就是去办公室报到，在那里写作业，只要完成了作业，就可以回教室听一会儿课，那又会怎样呢？在一次咨询任务中，有一个年轻人，我们叫他马克。他住在一个社区里，不管在什么场合、面对什么样的对象，他永远都不提好他的裤子。作为行为管理项目的一部分，行为分析师规定，如果他不穿裤子或者脱了裤子到处乱跑，他就会失去一些特权。因此，他从未参加过任何外出活动。有一天，一位不知道这条规定的新来的巴士司机，带着马克和其他六位被诊断为重度智力迟缓的服务对象一起去商场购物。当司机带着大家回来时，工作人员冲向司机，大喊道："发生什么事了吗？"司机说："没有啊，为什么这么问？"得知了马克的治疗计划后，司机目瞪口呆，说道："马克一点问题都没有。走到商场门口时，他提好了裤子，我们就进去了。我甚至都没提醒他。"

第2阶段：排除故障

在行为分析中，当你的项目计划最终获得批准时，快乐才真正开始。你会着手培训所有的相关人员，让他们开始扮演行为治疗师的角色。我们的工作模式是，行为干预最好在自然情境中进行，最好由与服务对象一起生活和工作的人执行。因此，当计划失败时，我们需要重新审视这一点。这些人非常了解你的服务对象，他们往往能在你重新设计干预计划的关键要素时，为你提供重要的信息。这些好帮手是不可或缺且无比珍贵的，对行为改变工作至关重要。但同时，他们也可能是不可靠、不稳定的，他们对小的挫折也很敏感，而这些挫折就像九月的飓风一样不可避免。我们大大低估了治疗师角色需要的培训量和支持程度，而排除故障的第一步就是从这些合作伙伴入手。基本的故障排除包括三个步骤，即对出错的原因提出假设，纠正错误，实施评估。

如前文所述，大多数行为计划在实施中都会有许多不确定因素，在许多环节都会有可能出错。比如，人们可能会忘记给辅助，提供的强化物可能前后不一致，或者人们可能会将强化物与不愉快的表情或讽刺性的评论匹配起来。有时，你的首席助手（如老师助理）没有出现，而你又没有后备人员做替补——诸如此类的情况数不胜数。我们在一个班级里进行了试点，建立了一套很好的代币系统，并准备将其推广到整个六年级。但我们发现一个有"开创精神"的学生制作了假的代币，暗自在自助餐厅出售。在另一个案例中，一位妈妈从系鞋带开始，认真地对孩子进行逆向串链的训练，但几天后她就放弃了，决定让轻度残障的女儿穿人字拖上学。指导一名体育老师使用改良的罚时出局策略管理班级中的破坏性行为，结果却看到他站在坐满初中生的长凳前，斥责他们没有遵照指示"安静坐着，不要说话"，而班级里的其他同学却待在足球场上没人管。基本上，墨菲定律适用于所有的行为干预："凡事只要有可能出错，那就一定会出错。"行为分析对我们来说是第二天性，但对其他人来说可能是一门外语。在上面的这些例子中，故障排除为我们带来了不同的训练方法。

第一份工作中的故障排除技巧

·故障排除技巧1

开始从事第一份认证行为分析师的工作时，你很可能会参与面向注册行为技术员的培训工作，请确保他们的培训符合规范（Mager, 1975, 1988; Mager & Pipe, 1984）。用心设计你的培训方案，以免出错。不要认为在你演示完并问过大家"还有问题吗？"你的培训就结束了。即使没人举手示意有问题，也一定有人心里还存有疑问。培训应按照以下流程：①描述你的期待；②给出理由；③演示步骤；④注册行为技术员/实习生按步骤练习；⑤立即给予反馈；⑥再练习几次；⑦给予额外的积极反馈；⑧重复，直到实习生熟练掌握新的步骤。

·故障排除技巧2

治疗开始的第一天，你一定要到场。只有亲眼看见干预措施的实际执行情况，才有可能排除故障。如果在你不在场的情况下开始新的干预，你就只能依靠别人口中的描述进行指导，而这些描述肯定是不完整的。

·故障排除技巧3

在头三天，每天都要听取治疗结束后的汇报。在实习生讲述他们关于干预进展的想法时，仔细观察他们。你要通过看他们的肢体语言弄清他们是否对自己的新角色感到舒适，或者有没有对分配给他们的任务感到不自在。

·故障排除技巧4

衡量成果。务必根据每天的数据来评估你的行为计划效果。将每天的数据绘制成表，对自己的工作进行评判。

·故障排除技巧5

一定要准备好备用方案，并准备好在干预失败时，从行为的基本功能开始重新分析。

年轻的专业人员（从业3~5年）

随着你在与技术人员和治疗师团队一起制订有效的行为改变计划和干预措施方面经验的积累，你将会有拥有更高效、更有创意的问题解决策略，这些策略既适合你的风格，又符合你个案的工作量，还与公司的政策和程序相适应。在这一时期，你可以思考一些更宏大的问题，为这些问题寻找创造性的解决方案。在职业生涯的这个阶段，管理层可能会要求你帮助新来的认证行为分析师组建团队，提高工作效率。你解决问题的能力会受到考验，你得找到更快地培训和更有效地督导注册行为技术员的方法，教会他们与看护人和教师成功沟通所需的"软技能"，执行更复杂的行为减少计划。例如，做大量的问题解决和故障排除工作，找到培养同理心、"情商"、沟通技巧和"自我意识"（Biro, 2020）的方法。

职业生涯中期（从业 6～10 年）

在职业生涯中期，大多数行为分析师都被视为能够纵观应用行为分析全局的专业人士。如果你还留在原来的公司，或者受雇于其他组织，上级会要求你为更重大的问题提供解决方案。这是一个展示你在创造性解决问题方面所学知识的机会。如果你觉得中层管理人员在处理公司日常问题时负担过重，那么有必要为认证行为分析师和其他关键人员举办创造性解决问题的研讨会。

凭借这些年来在解决个人行为计划问题方面的积累，你或许可以将这些经验推广到更广泛的问题上。如果你的公司提升员工士气的标准方法是请励志演讲家前来演讲，你可以建议从故障排除的角度来解决这个问题。具体来说，在弄清了什么是"士气"之后，如果我们对相关行为的数据样本进行随机抽取，或者经常性组织专题小组讨论可能的原因，将会发生什么？我们能否在中途修正工作的方式或给予反馈的方式（更糟糕的是不予反馈的方式）？

资深行为分析师

作为一个在应用行为分析领域有十多年工作经验的人，你现在可能是公司或协会高级管理层的一员，能够宣传创造性解决问题的重要性以及排除故障思维的优势。你应该有大量的案例，不仅可以用于内部的案例研究，也可以用于州级协会研讨会的案例研究。高级管理层的许多决策都涉及财务问题或人事问题。虽然这些问题通常不被视为行为问题，但深入研究一下就会发现，这些传统的管理问题背后，还是人的行为问题。采用行为方法来解决财务问题，大都会被认为是一种创造性的策略。中层管理人员人手不足、沟通不畅、缺乏团队合作和时间管理等问题，本质上都是行为问题。作为公司高层管理者，创造性地应用你所掌握的行为分析知识和依联管理，会是你多年来努力为个人和团队面临的挑战寻求创造性解决办法的丰厚回报。

小结

本章介绍了行为分析师在其日常工作中创造性地解决问题和排除故障的各种方法。作为一名新手认证行为分析师，解决问题的重点很可能是处理那些用现有分析方法无法解决的服务对象的行为问题。我们建议做一系列调整思路的实验，假设你有无限的资源，会如何处理问题。或者，如果你已经制订了一个成功的解决方案，想象一下如何将其应用到不同的情况中，比如用功能分析的逻辑来解决员工流失或提升员工多样性等问题。故障排除包括分析当前解决方案的各个要素，确定有哪一处或哪几处没有按计划实施。具体做法是提出问题：什么地方会出错？例如，行为改变计划可能从根本上是正确的，但如果给出强化物的时机不对，或者任务分析的步骤的跨度太大，那么计划就很可能失败。

第 22 章　保险和账单

米歇尔·西尔科克斯–比尔（Michele Silcox-Beal）

> 在我们和全国各地的热心倡导者的努力下，现在至少有 2 亿人在享用应用行为分析的医疗保险。在过去十年中，我们的宣传团队一直致力于将应用行为分析的治疗费用纳入医疗保险中[1]。
>
> ——孤独症之声（Autism Speaks）

随着医疗保险覆盖面的扩大，行为分析师和行为分析机构的责任也随之加重。由于行为分析师在大学期间，接受的关于医疗保险和计费方面的专业培训很有限，因此他们应该自行学习整个收入周期管理（revenue cycle management, RCM）流程的关键，帮助他们完成工作。RCM 是指医疗计划（health plan）[2]从开始到结束的整个过程。它包括医疗保险资助方提供的福利服务。

收入周期管理

- 付费人合同和资格认证
- 医疗计划成员福利记录和患者费用分摊
- 医疗计划服务授权
- 患者电子医疗档案维护
- 服务文档记录
- 提交索赔和报销
- 合规计划（compliance programs）制定和付费人审计准备

---

[1] 原注：www.autismspeaks.org/health-insurance-coverge-autism
[2] 译注：指医疗保健行业为了预防和减少疾病发生、提高就诊质量、控制医疗成本、提升治疗效果、减少医疗开支，而为社会团体和个人制定的具备良好执行性和明显成效的规范化、个性化健康管理服务计划。

研究生毕业后的第一份工作及年轻的专业人员（从业 3 ~ 5 年）

付费人合同和资格认证

组织与付费人（医疗计划的资助方）建立合作后，行为分析师完成资格认证后，就有资格为个人医疗计划的成员（服务对象／患者）提供服务。行为分析师获得委员会认证，即成为认证行为分析师后，须申请一个"国家提供商标识符（National Provider Identifier, NPI）"编号。NPI 是《健康保险可携带和责任法案》（Health Insurance Portability and Accountability Act, HIPAA）中规定的一项行政简化标准，是成人医疗服务提供者的唯一标识号，将伴随他们的整个职业生涯，需要在资格认证和提交索赔时使用。接下来，有了委员会认证和 NPI 编号后，行为分析师还须填写美国评价优质医疗保健委员会（Council for Affordable Quality Healthcare, Inc.）的档案（简称 CAQH 档案）。CAQH 档案是一个在线认证的数据存储库。行为分析师须在档案中更新自己的个人背景信息、教育经历、工作经历、不良执业记录以及其他相关的资格认证信息，用于医疗计划的资格认证，可以将其理解为一种在线的简历。医疗服务提供者在其职业生涯中会一直用到它，不断地在上面更新和认证。当行为分析师受雇于某个组织（执业机构）时，其个人资料中也应包含执业机构的信息，可填写不止一家执业机构。医疗计划的资助方（付费人）还要求提供责任保险的证明和组织的税号，可能还会提其他具体要求，如做背景调查。有的州还会要求有州内颁发的执照。①

要点

行为分析师向保险公司收取服务费用的必备条件包括：

- NPI 编号
- CAQH 档案
- 责任保险证明
- 组织的税号
- 州内颁发的执照（视具体情况而定）
- 付费人要求或规定的其他材料

---

① 原注：有关执照的信息，请访问 www.bacb.com/u-s-licensure-of-behavior-analysts/.

医疗计划成员福利

新手行为分析师应熟悉基本的医疗保健术语。服务对象/患者的医疗计划福利包括服务对象/患者分担的共同支付额或免赔额以及共同保险，最高自付额度为最高限额。在与家属合作时，如果行为分析师对常用的医疗保健术语有基本的了解，将有助于消除家属的顾虑，也有助于家庭在与组织的行政受理团队合作时，了解他们的财务责任。

美国医疗保险和医疗补助服务中心（the Centers for Medicare and Medicaid Services, CMS）负责管理医疗用品和服务的报销事宜。①

正如 BACB 伦理条例中的条款 3.05"财务协议"所述（见条款 1.04、条款 2.07）②：

> 在开始提供服务之前，行为分析师应当将与服务对象、利益相关方和/或资助方协定的补助费用和计费标准记录在案。当资助条件发生变化的时候，行为分析师必须与相关各方重新讨论相关事宜。行为分析师仅在签订特别服务协议并且遵守伦理条例的前提下提供公益援助性质的服务或者交换服务。

医疗计划服务授权

应用行为分析服务需要得到医疗计划的预先认证或授权。行为分析师应如同熟悉自己的适应性行为服务一样，熟悉应用行为分析第一类 CPT® 编码③，此编码用于必要医疗服务的授权和向付费人提交的报销申请。④ 行为分析师按照行为识别评估的流程为患者制订个别化治疗计划。CPT® 编码需在治疗计划中体现，以确定提供的是医疗计划授权的必要服务。

---

① 原注：CMS 的部分医疗保险和术语的资源可参见：www.cms.gov/cciio/resources/files/downloads/dwnlds/uniform-glossary-fnal.pdf.

② 原注：行为分析师专业伦理执行条例（BACB, 2020）：https://bacb.com/wp-content/ethics-code-for-behavior-analysts/

③ 译注：CPT®（current procedural terminology）编码是美国医学协会设计的一套用于描述医疗服务及其过程的统一编码系统。它为医疗保险支付、医疗记录和统计分析提供了标准化的方法。

④ 原注：详细信息请访问应用行为分析编码联盟官网：www.abacodes.org.

要点

对于行为分析师，获得医疗健康计划的预先证明或授权的过程包括：

- 完成初始服务和同时提供的其他服务的评估
- 标记 CPT® 编码，以满足个别化治疗计划的需要
- 申请持续服务授权
- 完成再评估，并按照付费人要求的时间间隔（如每六个月一次）重复授权流程

患者电子医疗档案

行为分析师有责任维护患者电子医疗档案中的信息。电子医疗档案是患者在整个治疗过程中的电子版病历。[1]

如 BACB 伦理条例中的条款 2.05 "资料的保护和保管" 中所述：

> 行为分析师应当知悉并遵守所有涉及存储、运输、保管、销毁专业服务相关实体资料与电子资料的适用法规要求（如行为分析师认证委员会的规定、法律法规、合同、资助方以及组织的各种要求）。行为分析师仅在适用法规允许的情况下，在将实体资料制成电子副本或者对原始数据进行总结（如做成报告或者图表）之后，才可销毁实体材料。如果行为分析师从组织离职，该组织依然应当承担上述责任。

服务文档

行为分析师应完整、准确、及时地做好会诊记录，将每次与服务对象/患者的接触情况记录在案。[2]

如 BACB 伦理条例中的条款 3.11 "记录专业活动存档" 中所述（见条款 1.04、条款 2.03、条款 2.05、条款 2.06、条款 2.10）：

> 一旦确立了服务关系，在整个服务过程中，行为分析师应当详细记录服务情

---

[1] 原注：详细信息可参见：www.cms.gov/Medicare/E-Health/ EhealthRecords.
[2] 原注：详细信息可参见：www.cms.gov/Medicare-Medicaid-Coordination/FraudPrevention/Medicaid-Integrity-Program/Education/ Documentation.

况，保证记录质量，同时妥善保管文档资料，方便自己或者其他专业人员提供服务，保证责任划分清楚，满足相关要求（比如法律、法规、资助方以及组织机构的细则）。建档和保管的方式应当满足及时沟通和服务交接的需要。

如 BACB 伦理条例中的条款 2.02 "及时"中所述：

行为分析师应当及时、按时提供专业服务并完成与专业服务相关的必要行政事务。

行为分析师需要熟悉他们为患者提供服务的所有医疗计划的付费人规定。付费人规定一般包括医疗必要性、事先授权要求、预招生指南（preadmission guidelines）、治疗要求及其他特别要求的信息。

提交索赔和报销

如 BACB 伦理条例中的条款 2.06 "准确计费和报告"所述：

行为分析师应当准确计量自己的服务，将报告、账单、发票、报销申请和收据所需信息全部填写完整。行为分析师获得授权之后或者按照合同提供行为服务期间，不得借机实施不属于行为科学的服务，也不能据此计费。行为分析师发现报告或者计费不准的情况，应当通知所有相关各方（如组织、执业资格管理委员会、资助方），及时纠正错误，同时将该情况下采取的所有行动以及最终结果都记录在案。

按照本节介绍的步骤，按照 BACB 伦理条例和付费人规定的要求，行为分析师以医疗报销单的形式向医疗计划提交材料，并报销服务的费用。

合规计划和付费人审计准备

1993 年，美国司法部（the Department of Justice, DOJ）将打击医疗保健欺诈行为作为该部门的首要任务之一。该部门持续加大力度打击医疗服务提供者实施的各种欺诈行为。美国医疗保险和医疗补助服务中心提供了有关如何发现、预防和报告欺诈、浪费和滥用情况的各种资源。[1]

---

[1] 原注：可参见：www.cms.gov/Outreach-and-Education/Medicare-LearningNetwork-LN/MLNProducts/Downloads/Fraud-AbuseMLN4649244.pdf.

医疗保健领域的《虚假索赔法》(the False Claims Act, FCA) 规定，任何明知（或应知）虚假却仍向联邦政府提交虚假索赔的人，都要承担法律责任。①

制定合规计划指南是美国监察长办公室（the Office of Inspector General, OIG）的一项重要工作，目的是打击医疗保健领域的欺诈和滥用行为。

在制定合规计划指南的过程中，美国监察长办公室、美国医疗保健筹资管理局（the Health Care Financing Administration, HCFA）、美国司法部以及医疗保健行业的各个部门密切合作，为那些有志于减少组织内的欺诈和滥用行为的行业部门提供明确的指导。②

行为分析师应支持配合合规计划的实施。医疗计划会定期审查账单和文件，因此，行为分析师不能在事后才考虑合规的问题。制定合规计划、持续培训和举行内部审计会有助于行为分析师和机构避免被欺诈。

职业生涯中期（从业6～10年）及资深行为分析师

在职业生涯的这个阶段，行为分析师可能已经被委以督导职责或晋升为教学总监，有些经验丰富的行为分析师甚至已经拥有企业的所有权或更大的职责范围。

在这一阶段，行为分析师可以与医疗计划资助方的供应商代表建立关系，并签订合同。建立这些关系，有利于谈判费率问题，共同实现为医疗计划成员提供服务的组织价值。当医疗计划系统中出现不予报销的错误或系统性的问题时，这些关系也会对处理这些情况有所帮助。医疗服务提供者代表可以替付费人宣传，并协助解决问题。

在承担监督或所有权责任时，行为分析师必须重视合同中约定的责任的严肃性，重视他们自身承担的个人责任或企业责任。当务之急是，领导者和所有者必须制定好流程，确保充分记录服务的内容，提交符合医疗保健标准、合同责任和付费人要求的索赔。如果通不过付费人审计，可能会导致赔偿、罚款或合同失效等。

《虚假索赔法》(FCA) 中的 G 部分讲的是反向虚假索赔（Reverse False Claims）。它规定了个人为避免向政府支付超额款项而采取的不当行为所应承担的责任。超额支付可能是由缺乏适当的文件、错误的编码或未遵循 CPT® 编码指南而导致错误地赔付

---

① 原注：可参见：www.justice.gov/civil/false-claims-act。
② 原注：可参见：https://oig.hhs.gov/documents/compliance-guidance/801/physician.pdf。

服务账单。

制定有效、成功的合规计划和维护合规计划的实施是领导层的责任。合规计划应概述七个要素中的每一个要素，写明每个要素的处理指导、标准和政策。如果发现有不合规的地方，应详细记录不合规的事件或不当行为，包括日期、报告人、对问题采取初始行动的人，以及所采取的纠正办法或后续行动。

经验丰富的行为分析师应该能够为组织的合规计划做好以下工作：

- 确定每个角色/职务该如何为降低风险做出贡献
- 对所有的流程、规定和程序，进行记录、传播、纳入培训和测试
- 收集团队成员的反馈，让他们参与进来
- 制订审核计划，完成审核
- 必要时进行调整、培训，并提供持续反馈
- 定期审查，定期更新流程、规定和程序

行为分析师作为在临床工作中的领导或作为老板，应注意充分了解本章所介绍的知识，确保能对下属或员工开展培训，提供适当的指导。在你的职业生涯中，你有机会为该领域的其他行为分析师提供准确的信息和培训，并向医疗计划资助方展现符合伦理的计费行为。

小结

本章概述了与医疗保险公司合作的重要内容。从研究生到资深行为分析师，行为分析师在其职业生涯的全部四个阶段，都需要胜任医疗保险服务和计费的相关工作。与医疗计划资助方（付费人）之间的合作可能会很复杂，让人不知所措。行为分析师必须充分了解合同、资格认证、付费人关系、患者医保福利、服务授权、全周期报销以及合规性等知识。应当积极支持组织内的合规计划，搞清楚行业的计费知识、医疗计划要求，以及在医疗模式中与付费人合作的责任。随着经验的积累，有的行为分析师会选择开设私人诊所，有的行为分析师会晋升为临床领导，因此组织内其他医疗服务提供者的责任也会随之加重。扎实地掌握本章的内容会为行为分析师在职业生涯中承担更多责任奠定基础。鉴于对行为分析师何时能承担更多责任的看法在该领域存在很大差异，建议大家根据自身的职业发展情况对各部分内容进行学习、回顾和应用。

第 23 章 批判性思维

我们不能用制造问题时的思维来解决问题。

——阿尔伯特·爱因斯坦（Albert Einstein）

研究生毕业后的第一份工作

在你的第一份行为分析师工作中，当你组建自己的注册行为技术员和实习生团队，确定你和治疗师及技术员们的能力范围，并确定自己的专业地位时，无疑会在批判性思维方面成为他们的榜样。与此同时，你也会成为一名导师，教他们学会巧妙地在循证的过程中分辨出被神话化的方法和一时兴起的潮流。随着时间的推移，你可能会树立良好的声誉，因为你坚持忠于实证地服务每一名服务对象，并确保所推荐的治疗方法对他们有效。批判性思维已经成为一种生活方式，对于成功的行为分析师来说，这是一种自然而然的行为。

从做第一份工作开始，直到成为一名经验丰富的行为分析师，你可能会发现，自己接受的基于科学方法的培训与其他同事接受的培训之间存在一些冲突，究其原因，可能是他们的培训并不是非常严格。这种科学方法建立在对世界如何运作进行批判性思考的基础上。行为分析师是批判型的思考者，甚至是怀疑论者——不是悲观主义者，也不是乐观主义者。我们常常坚持发问："数据在哪里？"以至于许多从事公共服务工作的人有时候会觉得我们冷酷无情或难以共事。我们总是对任何事物提出质疑，包括对已经发表的研究方法和研究结果方面的文章（Bailey & Burch, 2018, pp.193-195）。我们还会对富有戏剧性的个人传闻提出质疑。我们不接受这种感人至深的故事——故事讲述了如何以一种新的神奇的突破性疗法治疗一个行为问题，所以可能会让别人觉得我们是愤世嫉俗的人，除了科学，什么都不相信。我们的非官方座右铭是"非凡的主张需要非凡的证明"①，它可以很好地体现我们的态度。

---

① 原注：https://en.wikipedia.org/wiki/Marcello_Truzzi.

我们一定会要求每一个想谈论行为的人都有数据，而且不是普通的数据，必须是经过重复测量获得的数据，达到观察者间一致性（inter-observer agreement, IOA）标准的数据，当然还要有社会效度。别忘了，必须同时进行明确的对照试验，且数据必须显示出具有社会意义的显著结果。经由随机统计测试得出的行为结论通常不会给行为分析师留下什么深刻印象。按照这个标准，世界上98%的有关人类行为的证据都达不到我们的要求。除了行为分析，没有任何一种治疗方法能达到我们要求的这种严谨性，这让相关专业的同行和不少消费者感到尴尬。我们对于相关性研究的结果不感兴趣（即使这些结果具有统计显著性），比如，男孩的数学成绩比女孩的好，或者仰卧睡觉的人容易感到压抑（又或者是抑郁）。我们真正感兴趣的是人类个体行为的因果变量，我们知道有些是近因（最近发生的），有些是远因（相隔较远，比如两个月前发生的事情）。因为我们无法控制远端变量，所以强调近端变量，并坚持认为要真正理解行为，就必须对其进行系统的干预和治疗。只有在进行了足够多的重复试验后，我们才会相信这种治疗方法。但我们也明白，一些著名的应用科学家在重点期刊上发表的研究报告，并不直接适用于我们当前的服务对象。因此，我们坚持为每名服务对象设定基线，测试干预措施，并自行判定在这种情况下进行干预对这名服务对象是否有效。事实证明，我们的这种批判性思维得到了间歇性的强化，因为经常会有听起来好得令人难以置信的治疗方法实际却并非如此的情况发生。我们每天都会遇到这样的情况：对服务对象使用一种已经公开的治疗方法，但基于某些原因，这种方法对这名服务对象并不奏效。对此，我们的心情很复杂。虽然我们希望治疗有效，对实际治疗效果也感到很失望，但还是很高兴基于我们设定的基线和后续的数据收集，客观评估了疗程。

对比：随意思维与批判性思维

我们每天进行的大多数思考都是没有运用批判性思维的，而是简单随意的思考："该换机油了，下班回家的路上正好会经过一家捷飞络①，我今天就顺路在那里换吧"。若运用批判性思维，对这件事的思考则应该包括：询问是否真的需要换机油了（间隔时间取决于汽车类型，请务必查阅买车时附带的说明书），以及哪种机油被证明能够最有效地养护汽车（Barrera, 2021）。

---

① 译注：Jiffy Lube，汽车快速保养连锁服务品牌。

如采纳朋友的建议，也可能是随意的（非批判性的）思维："你一定要试试这款致力于公平贸易的苏门答腊有机咖啡。它香味浓郁、口感醇厚，用的咖啡豆是在从没用过杀虫剂的土壤中种出来的，所以喝它你不会得癌症。"在这类问题上，进行批判性思考需要付出一些努力，而且取决于你是否会与他人分享你的批判性思维，因为这样做可能会让你不太受欢迎。人们喜欢相互影响，如果你对朋友的推荐进行认真分析，还批评他们的建议，他们很可能不会再把你当朋友。在日常生活中的大多数情况下，使用随意思维是完全没有问题的。偶尔买一袋受到过度吹捧且价格昂贵的咖啡（虽然它的味道和性价比更高的福爵①一模一样），你就可以在不严重有损于你们的友谊的情况下，与朋友和睦相处。然而，当宝贵的时间、金钱和机会成本岌岌可危，而你的服务对象又牵涉其中时，如果你还允许自己沉浸在随意思维中，真正的问题就出现了。

行动中的批判性思维

我们的批判性思维直接从单一被试实验方法演化而来，并在应用环境和大学实验室中经历了50多年的打磨，这给我们留下了对非行为理论和治疗方法持怀疑态度的传统。作为专业人员，我们每天都会遇到这些日常行为理论，而且几乎每天都有新的、更疯狂的理论出现。从改善神经系统的脊椎推拿疗法，到清除体内重金属的螯合（chelation）疗法，再到声称可以降低肽水平、改善行为和认知功能的无麸质和无酪蛋白饮食建议，未经验证的新观点层出不穷（Foxx, 2010）。这时，如果我们不使用批判性思维，很可能会对服务对象造成伤害，使服务对象浪费大量金钱，更不用说浪费大量本可以用于接受循证治疗的时间了。许多渴望治愈孤独症的家庭似乎不愿意对治疗效果进行批判性思考，但弗里曼（Freeman, 2007）在她的《孤独症治疗完全指南》（*The Complete Guide to Autism Treatments*）一书中指明了一条前进的道路。

我们可以利用一种非常流行的治疗方法——感觉统合（sensory integration, SI）——来说明对未经验证的理论运用随意思维与批判性思维的区别。感觉统合是一种广受欢迎的理论，于1972年提出（Ayres, 1972）。该理论认为，整合来自身体和环境的刺激，需要"兴奋性和抑制性神经系统之间的平衡"（Bundy & Murray, 2002）。感觉统合疗法（sensory integrative therapy, SIT）包括练习刺激前庭系统的活动，例

---

① 译注：Folgers，美国咖啡品牌。

如，被推着荡秋千、在垫子上翻滚，或骑坐在滑板上（Smith, Mruzek, & Mozingo, 2005, pp.331-332）。还有其他的一些活动，如治疗师将服务对象放在压力垫之间挤压，为他们提供"深层压力"，或用柔软的刷子在他们的皮肤上刷、擦，这些训练都是为了刺激人的本体感觉和触觉系统。虽然这种疗法听起来很牵强，但SIT的支持者声称，这些疗法能提高个体的专注力，减少他们的不当行为，并改善神经系统的功能（Smith et al., 2005, p.332），然而，感觉统合疗法仍缺乏直接、可观察、可测量的数据支持。

运用随意思维的人可能会这样想："这个理论已经存在很久了，也有一些相关研究，作业治疗师也推荐它，那为什么不试试呢？"

批判性思维（Paul & Elder, 2012）要求人们将信息（数据）与对信息的假设分开。我们需要能从数据中直接一眼望到推论（结论），知道如何做假设、如何将假设减少到最低限度。最后，我们必须明白，我们所做的推论会产生影响（后果），也就是对服务对象的影响（见图23.1）。如果既不对已公开的研究进行批判性调查，也不针对我们的服务对象进行评估，就直接接受这个理论，显然是一种不加批判的思维方式，可能会导致浪费时间和资源的后果，最糟糕的是，还会给服务对象带去虚假的希望。

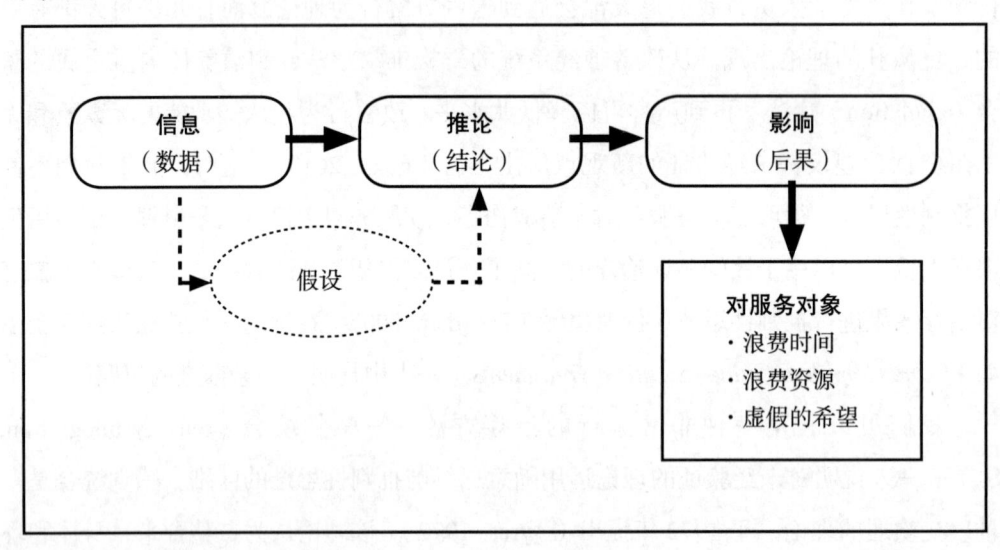

图23.1 该流程图展示了批判性思考的步骤，包括假设在进行批判性思考的过程中所起的作用及给服务对象带来的后果。

经许可改编自《批判性思维》（Paul, R. W., & Elder, L., 2012. *Critical Thinking: Tools for Taking Charge of Your Professional and Personal Life*. Boston, MA: Pearson Education, Inc.）。

应用感觉统合疗法的治疗师是在没有任何实验数据证明其有效性的情况下工作的，他们只是假设理论是正确的。遗憾的是，这导致他们把大量时间耗费在反复摩擦、摇摆和挤压服务对象身上，却毫无效果。接受这些服务的消费者显然也没有运用批判性思维——如果他们进行了批判性思考，他们就会问作业治疗师："这是真的吗？你能告诉我更多细节吗？这样做真的有意义吗？"不能指望消费者了解研究方法或神经系统的理论。他们只能寄希望于这些专业人员正确、诚实地描述治疗方法。这里也有一些诡辩的意味——感觉统合疗法的支持者应该意识到，他们的研究是薄弱的、没有定论的[①]。史密斯等人（Smith et al., 2005, p.345）在对这一研究成果进行详细分析后得出结论："研究表明，感觉统合疗法是无效的，其理论基础和评估实践都未经验证。"

有一项以感觉统合（SI）为自变量的早期行为研究（Mason & Iwata, 1990）旨在测试 SI 理论。结果显示，三名参与者的表现都没有通过感觉统合治疗得到改善。图 23.2 展示了一名参与者的数据，表明[②]凯西明显表现出了一种反效应（paradoxical effect），即在接受感觉统合治疗后，她表现出了更多的自伤行为，这显然不是期望出

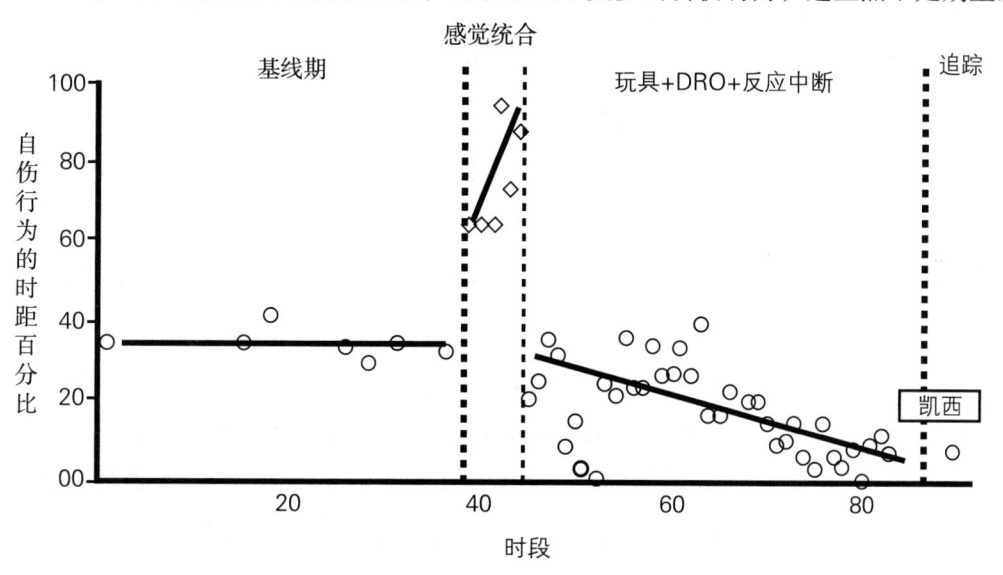

图23.2 该图是梅森（Mason）和艾瓦塔（Iwata）在1990年的实验中一名参与者的数据。

数据已被重新绘制，可清楚地说明感觉统合程序的效果。摘自 Mason, S. A., & Iwata, B. A. (1990). Artifactual effects of sensory-integrative therapy on self-injurious behavior. *Journal of Applied Behavior Analysis*, 23, 361-370.

---

① 原注：诡辩是指利用一种欺骗他人的似是而非的论点来狡辩。

② 原注：数据已被重新绘制，以排除对服务对象凯西的影响。在原始图中，凯西的数据位于多基线设计中三个数据图形的中间。

现的结果，相反，它表明这种几乎未经测试但听起来不错的方法实际上会造成一些伤害。最近，有研究人员在针对进食障碍儿童的治疗中进行了 SI 理论的测试，发现其效果远不如行为分析方法（Addison et al., 2013; Peterson, Piazza, & Volkert, 2016）。

辅助沟通训练：批判性思维失败的典型代表

在批判性思维的失败案例中，最著名的或许就是"辅助沟通"了，这是一种流行的治疗方法。该疗法始于澳大利亚，是一种针对脑瘫患者的治疗方法，随后于 20 世纪 90 年代初传入美国，成为辅助孤独症患者沟通的一种方法（Jacobson, Foxx, & Mulick, 2005; Foxx & Mulick, 2016）。其假设是，孤独症患者具有"隐藏的识字能力"，辅助者可以通过帮助他们在键盘上打字来表达自己，从而激发他们潜在的读写天赋。不需要太多的批判性思维就能质疑这种观点（和假设），所以在 20 世纪 90 年代末期，当 FC 开始流行，像野火一样蔓延开来时，太令人震惊了。发表在《应用行为分析杂志》（Montee, Miltenberger, & Wittrock, 1995）上的一篇关于 FC 的实验分析文章中，研究人员清楚地表明"是辅助者控制了打字"（p.197）。

消费者（即辅导员、学校管理人员、家庭成员）是如此热切，如此信任 FC，以至于学校出资聘请了辅助者，他们与重度和极重度的智力障碍者坐在一起，帮助他们写诗、讲述生活习惯，在一些情况下，还帮助他们指控亲属的犯罪行为。就连司法系统的任职人员也缺乏批判性思维能力，无法看到显而易见的事实：写短篇故事和做数学题的是那些辅助者，而非智力障碍者。一个致命的证据是，被辅助者本人似乎对任务丝毫不感兴趣，因为经常能看到他们做任务时看向键盘的相反方向（Foxx, 1994）。FC 的倡导者没有提出有关程序的关键问题，而是假定他们有能力进行自我辩护，从而完全扭曲了摆在他们面前的事实信息。其后果（见图 23.1）对那些因谬误指控而支离破碎的家庭来说是毁灭性的。在举行程序正当的听证会并由专家提供证词前，无辜的亲属被关在监狱里几个月，他们的生活被辅助沟通毁了（Maurice, Green, & Luce, 1996）。

批判性思维开始发挥作用

作为一名行为分析师，你工作的每一刻都离不开批判性思维。老师、家长和管理者会描述一些需要你立即关注的可怕情况，至少每周都会向你提一次要求："放下一切，先来处理这个问题！"通常是因为这里有一个被转述数次的关于某个急需"行为矫正"的人的故事。你要做的是保持冷静，查验证据，搞清楚其中有哪些假设以及它们是由谁提出的，并尽最大努力得出合理的结论。处于一线的人会因为夸大其词和美化故事而得到强化，至少也是一个耸肩或微笑。大多数人都无法向你提供可以量化问题的数据，他们的惯用伎俩是用充满戏剧性细节的精彩故事来刺激你采取行动。你必须特别小心，不要相信你听到的故事，在听取各方的意见之前不作判断。然后，在批判性思维模式下，努力厘清事情的来龙去脉，最后再得出结论。如果你想忠于行为分析的传统，就需要在得出任何结论之前建立某种实际的基线。建立这种基线是应用行为分析批判性思维的关键，无疑会让那些希望立即采取行动的人感到惊慌。

当你根据功能分析设计干预方案并实施治疗时，你的批判性思维将面临又一项挑战。因为这是你的治疗计划，所以你会喜欢它，相信它有效。这时，你需要运用批判性思维客观地评估你的计划，抛开"当然会有效，这是我设计的，怎么可能会行不通呢？"为避免对自己过于宽容，你可以将你的计划和数据提交给同行评议委员会，定期接受反馈。

每当你打开一本杂志，研究当前行为分析的最佳实践时，批判性思维也会发挥作用。虽然我们通常认为"在同行评议期刊上发表"是循证实践的标准，但经验表明，相当多的此类研究并不达标，甚至离标准相差甚远。对这些研究进行批判性思考，就会发现许多研究根本不符合我们的标准。基线期太短或变量太多，因变量定义不清，观察者间一致性（IOA）低于 80%，实验条件无法被复制，效应量太小，不具有社会意义，等等。在本书的第一作者的行为分析研究实验室进行的研究（Normand & Bailey, 2006）显示，身为认证行为分析师的参与者仅对 72% 的图表做出了准确的判断。即使添加了加速线（celeration lines），也没有提高总体的准确率。如果行为分析师（假定接受过良好的硕士研究生教育）不能正确分析已发表的研究报告，不能确定哪些研究适合作为制订有效治疗计划的基础，那么我们的专业在运用批判性思维方面就存在问题。

年轻的专业人员（从业 3~5 年）

作为一名已经用批判性思维方法培训过无数治疗师的更加成熟的年轻专业人员，你应该为下一阶段做好准备——在你的组织中传播这个理念。你可能已经被选派去督导新来的认证行为分析师，他们可能还没有接触过行为分析实践中的批判性思维。有了几年的工作经验，现在你应该能够回忆起这样的例子：你不得不温和地面对一个家庭，他们坚信辅助沟通（FC）或由其衍生的快速辅助法（Rapid Prompting Method, RPM）有效，而这个方法已被推翻（Lang, Tostanoski, Travers, & Todd, 2014），他们想让你将这个方法融入孩子的治疗方案。你要运用你所有的语言技巧（见第 2 章中有关"人际交往技巧"的内容）说服他们，让他们相信这不过是一种毫无成效的流行疗法，他们最好把时间花在学习基本的行为塑造技巧上（见第 12 章中有关"塑造"的内容）。成立每月活动一次的期刊阅读小组是传播批判性思维的另一种方式。你可以安排大家阅读一些文章，文章中提供了一种行为改变方法，但仔细研究后发现它们并不符合我们对证据的高标准（Bailey & Burch, 2018, pp.199–201, Evaluating Behavioral Research）要求。

职业生涯中期（从业 6～10 年）

到了职业生涯中期，你很可能已经晋升到组织的中层管理职位。这个位置将赋予你更大的影响力。例如，可以将参加每月的期刊阅读小组会议作为所有治疗师、技术员、认证助理行为分析师和认证行为分析师内部培训的必修活动。此外，还可以要求，所在机构采用的所有行为计划都必须引用发表在《应用行为分析杂志》上的高质量的研究文章。

资深行为分析师

作为一名行为分析师和批判性思维的倡导者，你已经拥有多年经验，现在也许可以帮助你的组织或公司更广泛地思考那些可能已经过时或不起作用的政策和程序了。毕竟，批判性思维不仅适用于行为分析，也适用于采购、营销、招聘、财务、公司发展、沟通和战略规划。比如说，以批判性的视角看市场营销部门可能就会发现，该部门的收入过高，但工作收效甚微；公司的招聘策略可能没跟上时代的步伐，因为人口统计数据显示，自公司成立以来，潜在的注册行为技术员人才库已经发生了变化。

小结

　　本章论证了在行为分析领域严格运用批判性思维方式的重要性。当我们被各种流行的、疯狂的、有争议的理论和未经验证的治疗方法所困扰时，批判性思维比以往任何时候都更加重要。面对新的治疗建议时，行为分析师可以通过询问"数据在哪里？"来运用批判性思维。不加质疑地接受建议是随意思维的一种表现，在风险不大的日常生活中很常见。感觉统合疗法是一种常用的治疗方法，但并没有得到行为学界的支持，因为这个领域的研究并不符合我们领域的严格标准。辅助沟通已被证明是另一种虚假的"治疗"，因为研究表明按键反应实际上代表的是辅助者的行为，而不是服务对象自身的行为。我们之所以对应用行为分析研究有严格的方法标准要求，是因为据此产生了最高水平的循证治疗。

第 24 章 设计思维

非同凡响！

——史蒂芬·乔布斯（Steve Jobs）[1]

研究生毕业后的第一份工作

设计思维导论

当你还在读研究生的时候，你很可能从未听说过设计思维这个概念，因为它与行为分析分属两个完全不同的领域。同样，运用设计思维的专业人员可能也从未听说过应用行为分析。但我们坚信，设计思维作为一种理解人类表现过程的独特方法，以及它用于改进服务的过程，与我们的领域关系密切。设计思维早在 1990 年就已出现，用于改进各种产品和服务，从欧乐 B（Oral B）[2]牙刷到奈飞（Netflix）[3]（取自 "5 个商业设计思维案例"），从爱彼迎（Airbnb）[4]到 IBM 和美国银行（Band of America）（取自 "8 个优秀的设计思维案例"）。设计思维主张以人为本，因为它从最开始就把重点放在消费者身上，关注他们如何与产品或服务互动。它使用的数据是通过调查、问卷和直接观察积累起来的。设计师们不去假设消费者知道哪些知识，或者消费者究竟会如何使用产品或服务，而是直接向消费者学习。

就行为分析而言，我们要对多类消费者进行行为相关的临床技能培训，包括服务对象及其看护人和利益相关方。我们还需要为教师、助理、行政人员和其他学校员工开展关于使用行为原理和程序的培训。此外，还有一些非行为学领域的同事，如言语

---

[1] 编注：苹果公司联合创始人。
[2] 译注：德国牙齿护理产品品牌。
[3] 编注：美国奈飞公司，又被译为网飞，一家会员订阅制流媒体播放平台。
[4] 译注：全球民宿预订平台。

治疗师或心理咨询顾问，可能也需要在实践中使用行为技术。在工商业工作的行为分析师（负责组织行为管理或绩效管理的）经常为中层管理人员、一线主管和行政人员开展关于行为方法的培训，这些方法针对非临床应用，旨在提高安全性、减少浪费、提高效率和生产力。

在临床环境中，我们现行的方法是对利益相关方进行评估和访谈（希望以此推动对循证治疗方法的探索），准备一份技术正确和术语准确的书面治疗计划，获得看护人或其他相关人员的批准，并想办法将计划付诸实施。对如何就这些计划培训注册行为技术员，我们有一些初步的想法，但从他们的角度来看，这样一套如此复杂的指令和依联，充其量也只能算有点特别。培训家长时也会遇到这种情况。虽然也有一些例外，但对家长的培训通常是从交给家长一份长达20页、充满专业术语的计划书开始，然后让他们与其他十几位家长共处一室，一起聆听一场长达一个小时的关于强化的讲座。

我们相信，作为一名新手认证行为分析师，你可以从设计思维领域学到许多技巧和策略（Brown, 2009）。这些策略会对你培训注册行为技术员和看护人的方式产生重大影响，而你精心制订的行为计划正是由这些人负责实施的。他们基本上成了你最直接的消费者。在你阅读的书上也能看到，设计思维的应用有五个或六个（或更多）步

同理心
在自然情境中观察服务对象，换位思考

测试
实施解决方案，获取数据，评估

设计思维的步骤
（从上方中央开始）

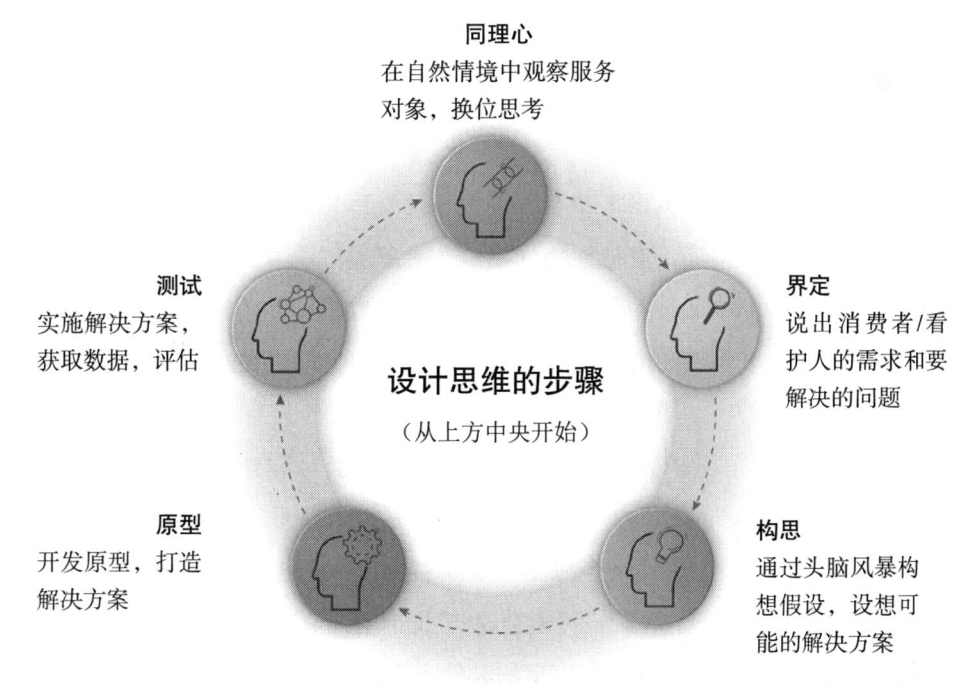

界定
说出消费者/看护人的需求和要解决的问题

原型
开发原型，打造解决方案

构思
通过头脑风暴构想假设，设想可能的解决方案

图24.1　该图显示了设计思维应用的五个步骤。

骤（Lewrick, Link, & Leifer, 2018; Dam, 2022）。我们会用基础概念概述这些步骤，并指出它们是如何与行为分析的思维方式和方法相吻合的。

步骤 1：拥有同理心（发现消费者的需求）

在这一过程的初始阶段，我们的目标是尽可能多地了解消费者/服务对象，了解他们的日常生活、习惯和当务之急。他们是如何管教孩子的，他们对孩子的用餐时间、玩耍、家庭作业，尤其是对家庭时光有什么期望？在典型的应用行为分析场景中，行为分析师是通过在办公室进行的访谈收集这些信息的。最近，赫尔维（Helvey）和范坎普（Van Camp）进行了进一步探索，他们在大学诊所的一间包有软垫的房间里，对看护人与参与者之间的互动进行了"自然观察"（Helvey & Van Camp, 2022）。运用设计思维的专业人员会更希望亲眼看看家庭或社区环境的情况，以及正常的日常互动是什么样子的。设计师们使用"同理心"一词来描述这一过程，因为他们认为这有助于他们抛开个人假设，专注思考他们想要改善的消费者生活的部分——这与我们当代行为分析师的目标完美地契合了。例如，如果把服务对象转介给我们的原因是拒绝进食，设计者就会特别希望观察几次服务对象在家里的进餐情况。如果转介的原因是不服从或做出攻击行为，设计者就找出最有可能发生这些情况的时间，并在这些时间进行观察。设计者跟行为分析师探讨问题时，他们会说："你设计的计划要尽可能与家庭的日常生活相匹配。"这就进入步骤 2 了。

步骤 2：界定消费者的需求和问题

这一步的目标是把在步骤 1 中获得的大量信息运用起来。这样就能对问题的解决方案有一个透彻的了解，有把握地说出服务对象对解决方案的需求。在行为分析中，这个步骤通常由认证行为分析师根据初始访谈数据和评估结果独立完成。如果运用设计思维，这个步骤会由一个团队来完成，他们会回顾在步骤 1 中记录的所有笔记。

步骤 2 的重点是在看护人的需求上，而不是在行为计划的特点上。设计者将此称为寻找需求（need-finding）。他们会问服务对象/看护人想要达到什么目标。

其他问题还包括："哪些情况会促使他们采纳我们的想法？""有没有什么会妨碍他们采纳我们的行为计划？"家长可能会说："我希望阿莫里能在用餐时安静地坐着，正确地使用餐具，有礼貌，并能与家里的其他人交谈。"步骤 1 中进行的详细的直接观察表明，这些事情阿莫里全部都做不到。他不愿意安稳地坐着，总是直接用手抓饭吃，而且只吃几口就离开餐桌，在客厅里跑来跑去。父母可能不知道，问题部分归因于这些食物和父母不停用令人厌恶的声音做出的辅助，例如："坐下，阿莫里，我叫你坐下，你听到了吗？别再用手吃饭了，那样很难看，你想让别人把你当成动物吗……"很明显，如果仅仅指导看护人发出有效指令，靠看护人实施针对逃避行为的标准行为计划，很可能会失败。在下一个步骤中，设计者会开始为家长培训出谋划策，包括举行头脑风暴会议。就阿莫里的情况而言，接受家长培训的对象可能包括他的家人、看护人，甚至还有其他利益相关方（如爷爷奶奶、保姆、兄弟姐妹）。

步骤3：构思假设

在这一步骤中，设计者已经准备好开始构思。他们在步骤1中知道了服务对象想要什么，在步骤2中积累了大量的观察结果，因此他们现在已经准备好帮助大家创建一个以用户为中心的问题清单。这个被称为构思的过程可能包括简单的头脑风暴，即提出尽可能多的想法，没有批评，只有大量的思考、第一感觉、看法和观点。头脑风暴很可能由行为分析师主导，大约组织两到三次，在此期间，团队成员会公开说出自己的想法供大家思考。从行为分析的角度来看，有一些想法可能是这样的：改变用餐的时间安排；让阿莫里与父母中的一方一起用餐，与其他家人分开；换成他喜欢吃的食物；教父母中的一方使用辅助，强化阿莫里使用餐具；让阿莫里帮忙准备食物；等等。对于父母，治疗小组可以考虑先给他们观看指导视频或观看治疗师如何与阿莫里共进晚餐，之后采用角色扮演的方法对他们进行培训。行为分析师可能还会考虑其他方案，包括对阿莫里进行一些用餐环境以外的训练，从他喜欢的食物开始，与受过训练的治疗师一起强化练习使用勺子和叉子。父母可能也需要接受类似的单独训练，学习如何使用有效的、描述性的强化物，发出简单的指令。从设计思维的角度来看，家长培训的总体方向与标准方法截然不同①。

步骤4：开发解决方案的原型

设计师所在的公司总是希望能够改进应用程序、厨房用具和互动设备（如新型电动汽车的仪表盘）的性能。在这一步骤中，设计师利用在步骤3中产生的最佳创意

---

① 原注：对于涉及公司流程分析的大型项目，设计师会采用系统思维（McKey, 2019），即多个包含较大单元的组件之间的交互，其中每个单元或组件都具有不同的功能。

开发原型，原型是用简单材料制作的模型，以最接近真实效果的方式测试解决方案。为做好体验，设计师会编写故事、说明故事分镜，剪辑视频。然后，用户与这些场景进行互动，而设计师则观察用户的即时反应，询问用户的总体评价以及可能的修改意见。作为设计者的行为分析师需要对这些反馈持开放态度，并做好准备，一旦用户对原型的反应是消极的，就得重新开始。如果设计者与消费者的服务部门合作，就可以通过角色扮演来了解用户的反应，这与我们在行为分析中的做法相当接近。

开发原型的步骤可能包括用户对治疗师朗读的晚餐情景脚本做出回应、收听预先录制的家庭用餐互动音频、观看人们处理晚餐时间行为问题的不同方式的视频，为父母开展行为技能训练（Behavioral Skills Training）或由治疗师教授基本技能。看护人还可以观看由治疗师扮演家长的一系列实时角色扮演（称为"身体风暴"，Lewrick et al., 2018）。治疗师作为阿莫里的扮演者，就其行为问题与家长进行互动，获得他们的反应和反馈。社会有效性的概念（Wolf, 1978）强调了消费者在应用行为研究发展中，对目标、程序和结果进行评估的重要性，对于行为分析师来说，这似乎完全适用于运用设计思维这一步骤。

通过这样的原型设计，我们也许可以找到带来改变的最佳解决方案。在行为研究中，我们称之为试点测试，在开发适当、准确的测量系统，创建有效的自变量，建立重要因变量方面，它是常用的方法（Bailey & Burch, 2018）。

步骤5：与消费者一起测试你的解决方案

在这一步骤中，设计者会寻找产品或服务的潜在消费者，如果可行的话，他们还会确定服务的实际使用环境。拥有设计思维的专业人员会与用户面谈，就像行为分析师一样，他们会进行观察并获取数据。这些专业人员获取的数据更多的是描述性的，而不是像应用行为分析那样的定量数据。例如，他们可能会对用户的行为进行录像。即使在设计思维的这一阶段，也可能会有一个周而复始的过程，新的想法可能会在测试时产生，或者用户可能会提出在原型阶段没有提出的建议。在这一步骤中需要回答的问题包括：用户喜欢产品或服务的哪些方面？他们对此有哪些问题？对产品或服务有哪些批评的意见？测试中是否产生了新想法（Lewrick et al. 2018, p.123）？如果将这个步骤应用到应用行为分析中，就能大大改善行为项目的传达效果，这些项目不仅有效，而且能得到用户的赞赏和高度评价。这可以称之为社会有效性2.0。

设计者们喜欢对他们的原型进行所谓的A/B测试（Lewrick et al., 2018, p.124），即他们将两个版本相比较，让消费者选择他们更喜欢的版本。我们在行为分析领域的早期（Iwata & Bailey, 1974）尝试使用过这种方法，开展过一项关于奖励与成本代币系统的研究。在这项研究中，学生更喜欢奖励，但教师更喜欢反应代价（response cost）。这种类型的比较通常在实验室和应用环境中使用多重强化程序表进行，便于参考（Pizarro, Vollmer, & Morris, 2021; Nava, Vargo, & Babino, 2016）。在功能分析的工作中也采用了这种方法。例如，单独的功能分析包括使用多因素设计对多个变量进行比较。最近，研究人员将这种方法与综合依联分析法（synthesized contingency analysis, SCA）（Helvey & Van Camp, 2022）进行了 A/B 对比，以确定哪种方法在预测控制变量方面更胜一筹。

在应用行为分析中，我们需要做更多的工作，让用户对我们的程序提出意见，而设计思维正好可以提供一些创造性的方法。所以，我们需要转变程序开发的思路，从由心理咨询顾问做决定的"自上而下"的方法，转变为由服务对象提供重要意见的"自下而上"的方法。关于选择对行为的影响，一些文献给出了证据（Fisher & Mazur, 1997; Hanratty & Hanley, 2021; Brandt, Dozier, Juanico, Laudont, & Mick, 2015）。这种涉及选择的独特方法可以让服务对象从由研究人员开发的两种干预措施中选择一种，改为在早期阶段就参与进来，为新治疗策略的开发和实施提供意见。

那么，作为一名新手认证行为分析师，在第一份工作中，你可以做些什么来促进自己在工作中运用设计思维呢？首先，阅读一些相关书籍。在处理临床案例时，你可能会开始思考如何更好地理解服务对象（父母、看护人、利益相关方）的日常生活以及他们每天经历的突发事件。为了让服务对象接受行为疗法，你需要将你的行为改变的想法融入他们的日常活动中。为了取得最大的成功，这些常规方法必须易于使用并能迅速见效。你当下就可以做的是，在与服务对象交谈时，采用第二种通用语言（奖励而不是强化，忽视而不是消退等），然后征求他们对目标、目的和行为改变首选方法的意见。如果可能，你应尽量采纳服务对象对行为改变策略的意见，并在行为计划确定之前进行原型设计和测试。

年轻的专业人员（从业 3~5 年）

一旦你在自己的行为分析团队中积累了一些运用设计思维的经验，你应该会有一些成功的案例与组织中的其他行为分析师分享。你也许可以培训或督导新加入的行为分析师，让他们尝试一些在研究生院没有学过的新东西。记住，你不需要应用这种新方法的所有元素，但希望你能将其中的一些想法应用于不同阶段的工作实践中，并向新来接受培训的行为分析师提出建议。

职业生涯中期（从业 6~10 年）

到了职业生涯中期，你可能会有一些督导或行政上的任务，如担任培训总监或教学总监。这两个职位都需要你对新的流程和程序提出建议，以提高服务对象接受治疗的质量。你应该能够审查接受新服务对象的流程，并使用步骤 1 中的同理心思维，确保你的行为分析师团队从服务一开始就认真关注家长和利益相关方的需求。如果你一直在使用设计思维来处理案例，那么现在可能已经有了一套策略，成为你提供服务的模板。把重点放在步骤 5，即在最终实施前测试行为问题的可能的解决方案，向你的服务对象表明你正在考虑他们的需求，希望在听取他们的意见后为他们量身定制程序，这种方式很可靠。

资深行为分析师

作为一名资深行为分析师，你很可能是一名政策制定者，比如首席执行官或董事会成员。你的首要职责之一是确保你的公司不仅在财务上获得收益，在社会上也被视为富有爱心、对优质治疗负责的公司。在公众心目中树立一个富有创意、对服务对象有求必应，在追求人道、行之有效的改变行为的治疗方面非常成功的公司形象，可以保证公司在任何竞争环境中都出类拔萃。在每一个案例的处理中都运用设计思维，会使你的组织具有竞争力、灵活性，尤其以服务对象为本。

小结

本章介绍了一种被称为设计思维的方法，这种方法被广泛应用于商业和工业领域，为服务对象提供创新的解决方案。这种以人为本的方法将消费者置于行动的中心，分为五个步骤：同理心、界定、构思、原型和测试。设计思维关注用户（服务对象、利益相关方），关注他们的需求和动因，这与行为分析方法的理念不谋而合。设计思维重视开发行为计划的原型，并对其进行测试，以确定它们是否与服务对象的需求相匹配。在设计思维项目结束时，消费者会被问及他们是否对结果感到满意。这与行为分析研究中经常使用的社会有效性的测量方法几乎相同。我们建议行为分析师认真研究设计思维的步骤，从而改善他们的"产品"（行为改变项目），提升消费者（服务对象）的满意度。

第 25 章　强烈的好奇心

> 我没有特别的天赋，只有强烈的好奇心。
>
> ——阿尔伯特·爱因斯坦

> 你不知道未知的东西。
>
> ——苏格拉底（Socrates）

研究生毕业后的第一份工作

孩子总是对这个世界充满好奇，对一切事物充满疑问——"天空为什么是蓝色的？为什么奶奶总是咳嗽？为什么我们不能去迪士尼乐园？"——但成年以后依然保持这份好奇心似乎不是一件容易的事。一定是在他们后来的教养经历中发生了一些事情，使他们的好奇心消失了或受到了惩罚。但是，好奇心在科学、艺术、业务流程和行为分析中发挥着重要作用。我们需要那些对人类行为感兴趣的人，而且需要很多，需要他们每天运用自己的好奇心，为我们的科学技术、服务对象的行为、治疗师的技能、看护人的动因，甚至是弱势群体接受的优质服务等实际问题寻求答案。

第一作者的个人感言

1961 年，我在亚利桑那州立大学参加了杰克·迈克尔博士（Dr. Jack Michael）面向大一学生开设的"行为学导论"（Introduction to Behavior）课程，从那时起，我就对行为学着了迷。杰克以独特的方式讲述了他近期在鸽子实验室（就在我们教室的走廊尽头）开展的研究，以及这些研究对于理解人类行为的意义。他讲述了特德·艾隆博士（Dr. Ted Ayllon）在加拿大萨斯喀彻温省一家精神病院的工作，在那里特德发现了社会性强化（由护士塑造行为）的力量，这些引人入胜的故事给我带来无穷的遐想。它们讲述了科学家如何发现人类行为是可以被测量、仔细分析和有效改变的。我惊奇地发现，只要改变环境，就能极大地改变人们的行为；只要了解强化的依联，就能改善人们的生活。这与传统的观念大相径庭，传统观念认为，人们之所以会做出这样的行为，是因为他们想要这样做，或者是因为有某种遗传特征，所以变得固执、好斗、顺从或善于操纵。杰克·迈克尔以丰富、热情的方式描述了故事中的环境和人物，以及他和艾隆博士是如何想出办法帮助他们的，这让我产生了强烈的好奇心。杰克和特德的工作并不轻松。他们阅读过 B. F. 斯金纳的早期著作《瓦尔登湖第二》（*Walden Two*）①、《科学与人类行为》（*Science and Human Behavior*）、《语言行为》（*Verbal Behavior*）以及几期《实验行为分析杂志》（*Journal of the Experimental Analysis of Behavior*）。但他们不受传统的束缚，而是开辟新天地，而且他们知道这一点。艾隆和迈克尔对行为与环境之间关系的强烈好奇心，促使他们开创了这一领域②。这种想尽可能多地了解人类行为的热情让我终生难忘。

拥有强烈的好奇心

从行为学的角度来看，好奇心意味着始终如一、坚持不懈地寻找答案，深入挖掘主题，钻研期刊文章和参考文献。与我们的服务对象、同事、利益相关方、首席执行官以及社会有关的有趣而重要的问题，就在我们身边。更广泛地说，问题出现在新闻头条，对医生、安全和公共卫生官员的公开采访，以及美国公共电视台（PBS）和奈飞公司的纪录片中。关于行为，尤其是人类行为，有很多东西值得我们学习。建立一个模式，标注出可能会增加或减少强烈好奇心的相关变量，会有所帮助。

对好奇心的行为分析

谈到好奇行为时，了解控制这种行为的因素会很有帮助，因为成年人往往缺乏这种行为。作为认证行为分析师，你可能会对你的员工甚至你的服务对象做出的一些好奇行为感兴趣。图 25.1 展示了一个可能相关的变量图。情境事件是指不会产生任何具体行为的环境事件，但可以促使一个人做出通常不会出现的行为。突然被解雇、家人去世或中彩票，都可能为人们做出从绝望到放肆的各种反应创造条件。众所周知，

---

① 编注：一部乌托邦式小说。
② 原注：Ayllon, T., & Michael, J. (1959). The psychiatric nurse as a behavioral engineer. *Journal of the Experimental Analysis of Behavior*, 2, 323-334.

对好奇心的行为分析

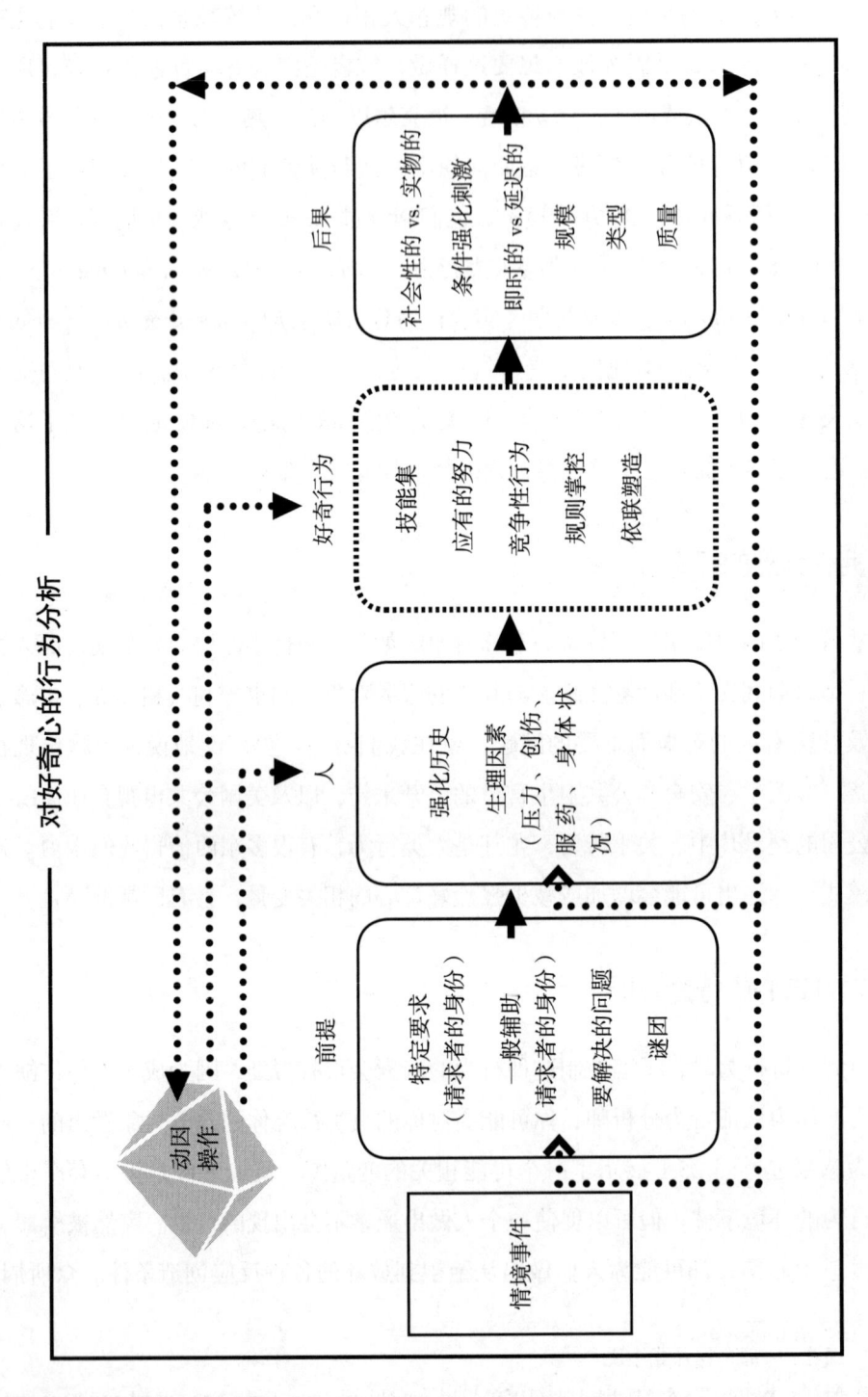

前提
- 特定要求（请求者的身份）
- 一般辅助（请求者的身份）
- 要解决的问题
- 谜团

人
- 强化历史
- 生理因素（压力、创伤、服药、身体状况）

好奇行为
- 技能集
- 应有的努力
- 竞争性行为
- 规则掌控
- 依联塑造

后果
- 社会性的 vs. 实物的
- 条件强化刺激
- 即时的 vs. 延迟的
- 规模
- 类型
- 质量

情境事件

动因操作

图25.1　该图列出了好奇心的一些可能的控制变量。

前提是专为诱发特定反应而设计的刺激，有一个常用的刺激是头脑风暴会议（第 24 章中对此有描述）。图 25.1 中，人是强化的历史的所在，还包括他们当前的生理状况（如疲倦、紧张、服药、睡眠不足）及可能的创伤史。为了鼓励做出创造性的反应，我们希望这个人得到充分的休息和放松。某些剥夺条件和厌恶情境会直接影响一个人做出某些行为的动因，我们称之为"动因操作（MO）"。在这一连串事件和条件结束时，就会产生一种行为，如果我们想要产生好奇行为，那么之前的所有事件都应是为了产生这种行为而设计的。行为分析师要想让自己的团队进行创造性思考，就需要为新想法、新线索和突破思维定式的解决方案提供具有高度强化作用的后果。

一些激发强烈好奇心的小技巧

增强好奇心的方法之一是通过参加州级、全国性甚至国际会议，与其他专业人员多接触。你需要通过大量的刺激、许多需要思考和琢磨的事情以及相关联的问题来激活你的好奇心。医学进展或康复中使用的策略是否与你正在研究的问题有关？他们是如何想到这个主意的？他们为什么用这种方法解决问题？你可能会这样想："如果他们雇用我，我会这样做来解决这个问题。"如果你能养成跟电脑显示器或电视屏幕回嘴的习惯，你就会发现，有一些想法跳出来了，而这些想法与你现在在组织或服务对象那里遇到的问题有关。在健身、开车上班或等待下一场比赛时，你可以收听好奇心播客。有几十个关于各种主题的播客可以激发你的兴趣和好奇心。然后，再积极地跟随好奇心的引领，你就成功了。

养成记笔记的习惯

在整个一周中，你可能会根据在美国公共广播电台（NPR）中听到的、在谷歌或苹果新闻上读到的或在谈话中听到的内容，产生一些想法。如果这些想法很新颖，让你觉得不寻常或有趣，就把它写下来，并注明听到这些想法的日期和地点，以便日后追踪。本书的第一作者会把 iPhone 放在车里，在路上口述关于新闻报道或采访的笔记。几年前，美国公共广播电台的"全盘考虑"栏目（All Things Considered）对畅销书《被踢、被咬、被抓》（*Kicked, Bitten, and Scratched*, 2006）的作者艾米·萨瑟兰（Amy Sutherland）进行了一次采访。通过这次采访，我们找到了她的经纪人，最终与她本人通了电话，邀请她在佛罗里达州行为分析协会年会上发表了主题演讲。她的演讲激发了近千名行为分析师的思考，内容则基于她最近出版的新书《男人是动物，女人是教练：虎鲸沙姆教我如何 hold 住婚姻》（*What Shamu Taught Me About Life, Love, and Marriage*）（Amy Sutherland, 2008）。

观看独立电影

占据美国 90% 的银幕的大片并不总能给我们带来思考，但纪录片和独立电影却可以。这些电影通常由对世界有独特见解的创意人士以较低的预算制作而成，描绘了人类行为复杂而绚丽的多样性。它们捕捉了在出乎我们想象的人类行为，并激励我们去理解人们做了什么以及为什么要这样做。

认识新朋友

如果你处在一个固定的小团体中，做什么事都在一起，你们很快就会开始用统一的方式思考问题，互相接话。所以，你可以偶尔结交一些来自不同行业、不同宗教或文化背景的新朋友。看看他们如何应对你所面临的挑战。这可能会给你带来一些刺激和活力，也可能会把你带向从未想象过的方向。

质疑传统智慧

我们所处的商业文化有一个强大的利益驱动，促使你用一种像消费者一样的标准、传统的方式做事，而不去思考你在做什么或为什么这么做。试着时不时地在工作和个人生活中挑战一下这种传统智慧吧。但是，在挑战与工作相关的问题时，除非你确信自己有比现在的做法更好的解决方案，否则还是要谨慎行事。

提出功能性问题

我们的文化会给我们洗脑，要接受解决常见问题的标准方案，因此我们很容易陷入传统思维的泥潭。作为一名行为分析师，你接受过询问行为的功能的培训。现在，请就你每天必须处理的事情提出同样的问题，这些事情更重要。对于孩子的破坏性、失控行为，家长会寻求帮助，难道我们不应该问问自己吗？这是怎么发生的，为什么？学校使用停课作为惩罚手段，但似乎并不奏效。有什么替代办法吗？我们通常按工作时长计酬，但难道不应该按我们取得的成果计酬吗？为什么功能分析的重点是需求依联？为什么不直接修改问题，而要用"逃避"来迫使服务对象满足"需求"？让它成为提问，而不是要求，让服务对象有兴趣做出回答。

挑战现状

检验强烈好奇心的标准是，你是否能用自己发现的新想法改变现状。深入挖掘答案，对传统建议说"不"，把新人或新观点带到谈判桌上并极力争取，这些都会让你和其他人感到不舒服，但这很可能是一个好兆头，说明你已经有了一些发现。如果尽你所能地了解公司的历史，记住公司的组织结构，阅读过去五年的年度报告，那么你就是在尊重你的服务对象。在最近的一次咨询中，服务对象要求我们想办法让电脑硬件销售人员向别人推销软件插件。不久后，我们发现公司只对硬件销售有长期的激励措施，对软件销售却没有。经理们从未想过，出现问题的原因不是员工的懒惰或固执，而是缺乏激励机制。经理们被一种行为理论束缚了，我们却对这种束缚提出了质疑，于是，我们可以看到他们皱起眉头疑惑道："为什么我们没有想到这一点呢？"

以强烈的好奇心探索与行为相关的议题

虚拟现实和增强现实

虚拟现实（VR）目前已被用于电子游戏、体育、医疗和教育领域[①]，它也一定会成为行为分析和治疗的重要组成部分。如果虚拟现实技术可以教医生做脑外科手术，教体操运动员做复杂的地面动作，那么我们也一定可以用它来教学生进行访谈式综合依联分析，实施复杂的评估和访谈，以及了解其他文化。通过创建由计算机生成的人工环境，我们可以更快、更全面地培训注册行为技术员。而且随着行为研究应用方面的进步，还可以开发出针对各种病症的治疗方法，包括异食癖、进食障碍、自伤行为、性功能障碍等。提供咨询或进行培训时，不必请专家到现场，可以发送一套 VR 视频，在需要时使用。在研究领域，已经有文献综述对这项技术的发展状况进行整理回顾（Turnacioglu, McGleery, Parish-Morris, Sazawal, & Solorzano, 2019）。目前，在一项对孤独症谱系障碍服务对象进行单一被试实验设计的研究中（E. Ingvarsson, July 28, 2022），使用了医学博士锡南·图纳西奥格鲁（Sinan Turnacioglu）发明的设备 Floreo3 AR[②]，该设备显示出相当有前景的数据。

---

① 原注：www.iberdrola.com/innovation/virtual-reality.
② 原注：www.foreotech.com.

增强现实（Augmented Reality, AR）与此类似，但它利用的是现有的环境，在环境中插入人工图像，让患者根据图像做出反应。例如，它可以帮助患者对狗或封闭空间的恐惧脱敏。

TAGteach[①]

响片训练（Clicker training）已在动物训练中使用多年，也已被舞蹈演员（Quinn, Miltenberger, & Fogel, 2015, #48）、高尔夫球手（Fogel, Weil, & Burris, 2010）、橄榄球运动员（Elmore, Healy, Lydon, & Murray, 2018）和瑜伽学员（Ennett, Zonneveld, Tomson, Vause, & Ditor, 2020）用来教授复杂的人类表演。这似乎是一种非常有前景的方法，可用于临床和社区环境中，为从学龄前儿童到成年人等各类群体教授各种运动行为。

童年不良经历（ACE），又名创伤

行为分析领域在研究 ACE 对儿童的深远影响方面可能起步较晚（Rajaraman et al., 2022），这个治疗领域还有得探索。我们对如何查明创伤的早期迹象充满好奇，当然，有效治疗这些行为可能是应用行为分析领域的一个重要的新议题。

年轻的专业人员（从业 3~5 年）

假定你已经成功地激发了自己强烈的好奇心，也激发了注册行为技术员和实习生强烈的好奇心，那么在职业生涯的这个阶段，你也许可以将自己的影响力扩大到公司或诊所的其他认证行为分析师身上了。在拥有自己开发的新治疗策略的大量实例后，你应该能够描绘出如图 25.2 所示的梗概，在公司内部做关于"提升强烈好奇心"的演讲。

[①] 编注：TAGteach 是一种基于行为分析的教学方法，常用响片或标记器对学习者的正确行为给予反馈。

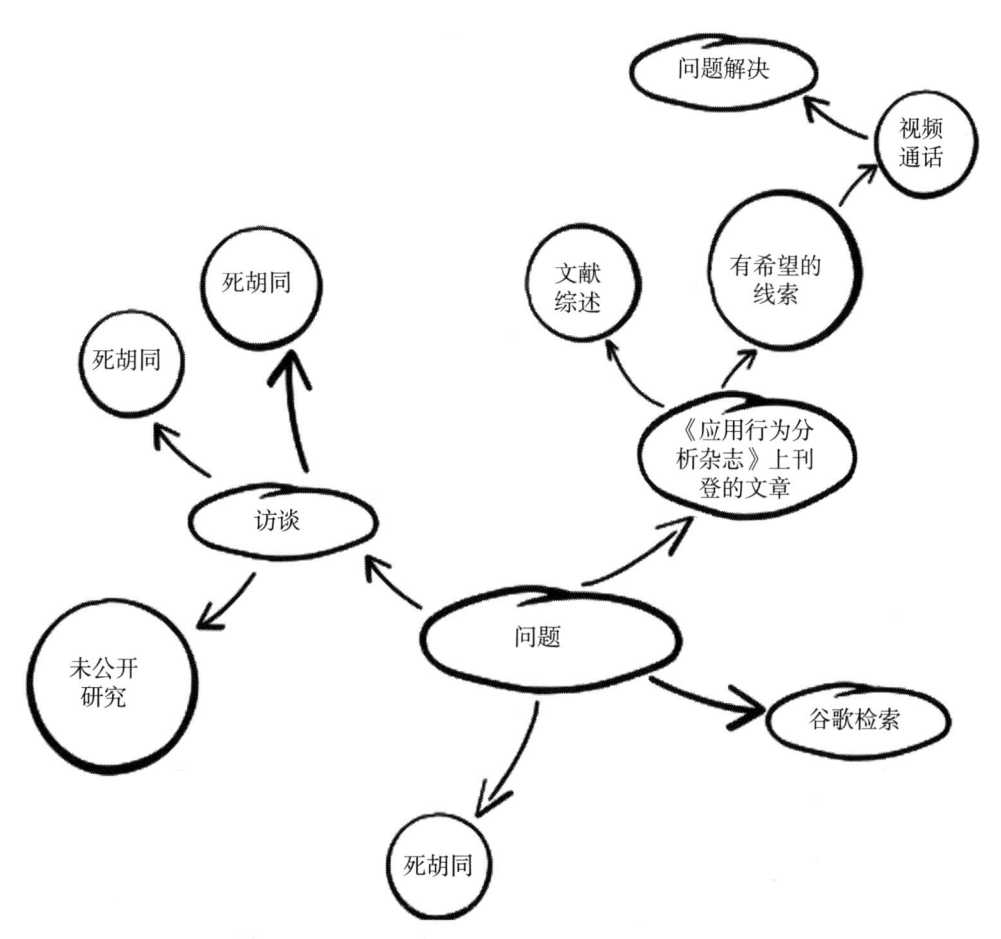

图25.2 该图展示了一个演讲梗概。受强烈的好奇心驱使往往会走向死胡同，通常要经过几个阶段的探究，才能找到新的答案和解决方案。

职业生涯中期（从业 6 ~ 10 年）

凭借多年帮助他人增强对世界的好奇心的经验，现在正是与更多人分享你的发现的时候。了解自然环境和建筑环境的运作方式，能让人更全面地了解我们所处领域的复杂性，丰富我们的想法，欣赏我们周围人的奉献精神。在职业生涯的中期，你应该拥有令人满意的、丰富的想法和知识，有信心带领周围的人采取积极的生活方式，保持好奇。

资深行为分析师

在这一阶段，你很可能是高层管理人员，有充分的机会激励自己对各种问题产生强烈的好奇心，这些问题包括：如何吸引优秀的行为分析师加入公司并留住他们，如何创建强大的企业文化，如何管理公司的财务问题，如何跟上行为技术的发展现状，如何满足服务对象和消费者的需求，以及如何实现高质量的行为改变，从而带来持久的变化。

小结

本章强调，行为分析师需要对与我们领域相关的各种主题产生强烈的好奇心。强烈的好奇心意味着要坚持不懈地寻找答案，深入挖掘主题，潜心研究期刊文章和参考文献。本章对增强或抑制好奇心的控制变量进行了行为分析，并举例说明了如何利用这些知识增强员工的好奇心。这里还提供了一些小技巧，教你如何通过记下每天产生的想法和问题，养成观看独立电影和纪录片的习惯，结识新朋友，质疑传统智慧，提出功能性问题以及挑战现状增强自己的好奇心。

25 Essential Skills for the Successful Behavior Analyst: From Graduate School to Chief Executive Officer, 2nd edition / by Jon S. Bailey, Mary R. Burch / 9781032192079

Copyright © Jon S. Bailey, Mary R. Burch.

Authorizedtranslation from the English language edition published by Routledge, a member of the Taylor & Francis Group, LLC. All Rights Reserved. 本书原版由 Taylor & Francis 出版集团旗下 Routledge 出版公司出版,并经其授权翻译出版。版权所有,侵权必究。

Huaxia Publishing House Co., Ltd. is authorized to publish and distribute exclusively the Chinese (Simplified Characters) language edition. This edition is authorized for sale throughout Mainland of China. No part of the publication may be reproduced or distributed by any means, or stored in a database or retrieval system, without the prior written permission of the publisher. 本书中文简体翻译版授权由华夏出版社有限公司独家出版并在限在中国大陆地区销售,未经出版者书面许可,不得以任何方式复制或发行本书的任何部分。

Copies of this book sold without a Taylor & Francis sticker on the cover are unauthorized and illegal. 本书贴有 Taylor & Francis 公司防伪标签,无标签者不得销售。

北京市版权局著作权合同登记号:图字01-2024-1990号

图书在版编目(CIP)数据

优秀行为分析师必备25项技能:第2版 /(美)乔恩·S.贝利(Jon S. Bailey),(美)玛丽·R.伯奇(Mary R. Burch)著;杜伊凡译. -- 北京:华夏出版社有限公司, 2025. -- ISBN 978-7-5222-0770-4

Ⅰ. B848.4

中国国家版本馆CIP数据核字第2024C5L690号

优秀行为分析师必备25项技能(第2版)

作　　者	[美]乔恩·S.贝利　[美]玛丽·R.伯奇
译　　者	杜伊凡
策划编辑	刘　娲
责任编辑	张红云
责任印制	顾瑞清
出版发行	华夏出版社有限公司
经　　销	新华书店
印　　装	三河市少明印务有限公司
版　　次	2025年2月北京第1版　2025年2月北京第1次印刷
开　　本	787×1092　1/16开
印　　张	13.25
字　　数	230千字
定　　价	78.00元

华夏出版社有限公司　地址:北京市东直门外香河园北里4号　邮编:100028
网址:www.hxph.com.cn　电话:(010)64663331(转)
若发现本版图书有印装质量问题,请与我社营销中心联系调换。